Olivier Kamana

Etude des non-conformités dans l'application du système H.A.C.C.P.

Olivier Kamana

Etude des non-conformités dans l'application du système H.A.C.C.P.

Cas des industries de transformation des produits de la pêche au Sénégal

Presses Académiques Francophones

Impressum / Mentions légales
Bibliografische Information der Deutschen Nationalbibliothek: Die Deutsche
Nationalbibliothek verzeichnet diese Publikation in der Deutschen Nationalbibliografie;
detaillierte bibliografische Daten sind im Internet über http://dnb.d-nb.de abrufbar.
Alle in diesem Buch genannten Marken und Produktnamen unterliegen warenzeichen-,
marken- oder patentrechtlichem Schutz bzw. sind Warenzeichen oder eingetragene
Warenzeichen der jeweiligen Inhaber. Die Wiedergabe von Marken, Produktnamen,
Gebrauchsnamen, Handelsnamen, Warenbezeichnungen u.s.w. in diesem Werk berechtigt
auch ohne besondere Kennzeichnung nicht zu der Annahme, dass solche Namen im Sinne
der Warenzeichen- und Markenschutzgesetzgebung als frei zu betrachten wären und
daher von jedermann benutzt werden dürften.

Information bibliographique publiée par la Deutsche Nationalbibliothek: La Deutsche
Nationalbibliothek inscrit cette publication à la Deutsche Nationalbibliografie; des
données bibliographiques détaillées sont disponibles sur internet à l'adresse http://dnb.d-
nb.de.
Toutes marques et noms de produits mentionnés dans ce livre demeurent sous la
protection des marques, des marques déposées et des brevets, et sont des marques ou des
marques déposées de leurs détenteurs respectifs. L'utilisation des marques, noms de
produits, noms communs, noms commerciaux, descriptions de produits, etc, même sans
qu'ils soient mentionnés de façon particulière dans ce livre ne signifie en aucune façon que
ces noms peuvent être utilisés sans restriction à l'égard de la législation pour la protection
des marques et des marques déposées et pourraient donc être utilisés par quiconque.

Coverbild / Photo de couverture: www.ingimage.com

Verlag / Editeur:
Presses Académiques Francophones
ist ein Imprint der / est une marque déposée de
OmniScriptum GmbH & Co. KG
Heinrich-Böcking-Str. 6-8, 66121 Saarbrücken, Deutschland / Allemagne
Email: info@presses-academiques.com

Herstellung: siehe letzte Seite /
Impression: voir la dernière page
ISBN: 978-3-8416-2506-9

IN MEMORIAM

A mon père Protais KAMANA : « *Je ne tarirai jamais d'éloges à ton endroit. Tu as été le pilier de mon enfance choyée. Depuis ton départ, je ne cesse de me souvenir de tes sages conseils qui me restent un trésor inépuisable. Le fait que je sois vétérinaire, moi qui aspirais plutôt à la prêtrise, je le considère comme un exaucement d'un vœu caché de ta part, toi qui avais un intérêt pour les animaux .Je garderai de toi l'image d'un homme digne, respectueux, et éloquent. Mon idéal est de grandir à m'identifiant à toi* ».

A ma mère Léoncie MUJAWAMARIYA : « *A chaque fois que j'évoque ton nom ou que ton image souriante me traverse l'esprit, je plonge dans une effusion d'émotion. Toi qui guidas mes premiers pas dans ce bas monde, toi qui étais si soucieuse de ma réussite scolaire, je te dédie spécialement ce modeste travail. Les années passent certes, mais ton image me restera intacte. La prière que tu m'as fait aimer me reste ma seule force.* »

A mon oncle Alfred RUSIGI : « *Tu as été courageux et prévoyant, je te dois la vie. De ton vivant, tu étais mon refuge, mon second père. Mais, hélas, Dieu t'a voulu plutôt à ses côtés. Je marcherai sur tes traces de bravoure, courage, dignité et honneur* ».

A mon oncle Philippe NIYONGABO : « *Pour ces chemins semés d'embûches que j'ai pu traverser, en tenant ta main droite. Je ne saurai comment te remercier, parfois les mots font défaut pour exprimer ce qu'on ressent. Repose en paix* ».

A mes tantes Thérèse, Carine et Florence : « *Pour votre affection qui m'a cruellement manquée.* »

A mon cousin Anaclet RUKANIKA dit FATINGASHYI : « *Pour tous ces moments partagés, avant que ces douloureuses circonstances ne nous privent de toi* ».

A Pascal DUSABE et toute sa famille : « *Je ne vous oublierai jamais* ».

A mon parrain S.E. l'Ambassadeur Thomas MUNYANEZA « *Que le bon Dieu vous accorde un repos éternel à ses côtés* ».

DEDICACES

Au Dieu tout puissant, notre créateur et père de Notre Seigneur et Sauveur Jésus Christ.

* ❖ « *Te Deum laudamus, Te Dominum Confitemur, Te Aeternum patrem, omnis terra veneratur* »

* ❖ A la Sainte Providence protectrice et pourvoyeuse de Grâces. « *Le Seigneur redresse les accablés, Le Seigneur ouvre les yeux des aveugles, Le Seigneur aime les Justes, Il soutient la veuve et l'orphelin, d'âge en âge le Seigneur régnera* » (Ps 145).

A mon frère Thierry
A ma sœur Nicole

A ma tante Perpétue : « *Tu es ma deuxième Maman, l'oasis de ma traversée du désert. Tu m'as porté sur tes épaules, et mes yeux commencent à scruter les horizons où apparaissent les lueurs d'espoir, les rayons solaires qui éloigneront les ténèbres. Tu es un don de Dieu* ».

A mes oncles : Ignace, Musinga, Balthazar, Thaddée et Clément.

A mes Tantes : Marie, Clémence, Mathilde et Claire.

A mes grands parents ; avec une attention particulière pour mon grand père Boniface KAMEGERI.

A mes cousins et cousines : Epiphanie, Axelle, Christelle, Jacqueline, Claudette, Gudura, Marielle, Delphine, Parfait et Parfaite, Paterne, Pacifique, Emmanuel, Fabrice, Joseph, Shema, Shimwa, Simone, Védaste, Marcelline, Virgile et Annick.

A la famille NTAWUYIRUSHA

A Dr Didace NZARAMBA

A la famille MBARUSHIMANA
A Madame Thérèse NYIRABAGENZI

A S.E. Monseigneur Michel NSENGUMUREMYI

A mes promotionnaires de l' « Académie » du Petit Séminaire Saint Jean

A Gustave Noël INEZA pour ces moments de jeunesse partagés
A l'Abbé Léon Ferdinand KARUHIJE : « *Verae amicitiae sempiternae sunt* ».
A tous mes amis que l'éloignement m'a privés : Yves d'Amour, Patrick alias « Ruvunja », Claver dit « Ruvuza », Pacifique, Marie Grâce, Protogène, Second, Emmanuel,…

A Carine UWINEZA pour son amitié

A mon ami Chaste GAHUNDE : « Quelle que soit la longueur de la nuit, le jour finit par apparaître ».
A mes amis de l'EISMV : Younouss, Tcheuffo,Mpouam,Jean-Marc,Tayou, Moctar, Mouhamadou, Dombou, Samuël dit Sammy, Madiagne Sawaré « Mon Lieutenant », Yapi, Akréo, Bilkiss, Zanga, Naomie, Kenneth, Ainsley, Gaël, Dr Hakou, Dr Karim Andela, Clarisse, Richard, Jean de Dieu, Christian,Lucain, Abdel Aziz,Cyrille, Hellow, Constant Sikangueng, Constant Bitra,…

A Yvonne M. UMUTESI

A la famille HAKIZIMANA

A mes amis compatriotes de Dakar : Emmanuel, Anatole, Alexandre, Victor, Salomon, Claude, Daphany…
A mes chers compatriotes de l'EISMV,
A la 34ème Promotion « Samba SIDIBE » : En fredonnant l'air de notre fameux hymne dont j'eus l'honneur d'être l'auteur, je raviverai les souvenirs de ces années d'intense labeur.
A la CEVEC : « *Toujours en marche avec le Christ* ».
A l'Etat rwandais

A toi qui cherches en vain ton nom dans cette rubrique, n'oublie pas que l'oubli est humain. Reçois ici toute ma gratitude.

REMERCIEMENTS

Au Professeur Malang SEYDI, notre directeur de thèse

A Monsieur Joachim DIATTA, chef de la D.I.C.

Au personnel de la D.I.C.

Aux responsables qualité des entreprises visitées : Dr Babacar SENE, Dr Adama THIAM, Dr Etchri AKOLLOR, Ansoumana DIEME, Abdoulaye NGOM, Nabil TALL, Djibril FAYE, Mamadou FALL, et Khadim DIOP.

A Monsieur Aliou NACRO

Au Dr Abdoulkarim ISSA IBRAHIM

A Jean Pierre MUGANGA

A Aimable UWIZEYE

A NOS MAITRES ET JUGES

A notre Maître et Président de jury, Monsieur Mamadou Lamine SOW
Professeur à la Faculté de Médecine de Pharmacie et d'Odonto-Stomatologie
de Dakar ;
« Vous nous faites un grand honneur en acceptant de présider notre jury de
thèse. La spontanéité avec laquelle vous avez répondu à notre sollicitation
nous a beaucoup marquée. Trouvez ici l'expression de nos sincères
remerciements et de notre profonde gratitude. Hommage respectueux. »

A notre Directeur et Rapporteur de thèse, Monsieur Malang SEYDI
Professeur à l'EISMV de Dakar ;
« Vous nous avez guidé tout au long de ce travail. Vos qualités humaines et
scientifiques nous n'ont toujours impressionnés. Soyez rassuré de notre
confiance. Sincères reconnaissances. »

A notre Maître et Juge, Monsieur Germain Jérôme SAWADOGO,
Professeur à l'EISMV de Dakar ;
« En acceptant de siéger dans notre jury de thèse malgré les nombreuses
occupations qui sont les vôtres, vous en rajoutez à l'admiration que nous
portons à votre personne. Votre simplicité et vos très grandes qualités
scientifiques nous inspirent. Veuillez accepter nos hommages respectueux. »

A notre Maître et Juge, Monsieur Serge Niangoran BAKOU,
« Maître de Conférences Agrégé à l'E.I.S.M.V de Dakar ;
Nous sommes très sensibles à l'honneur que vous nous faites en acceptant
spontanément de juger ce travail. Votre dynamisme et votre amour du travail
forcent admiration. Veuillez accepter nos sincères remerciements. »

LISTE DES ABREVIATIONS

B.C.P.H. : Bureau de contrôle des produits halieutiques

B.R.C. : British retail consortium

C.C.P. : Critical control point

C.E. : Commission européenne

C.F.A. : Communauté financière africaine

D.I.C. : Division des inspections et du contrôle

D.I.T.P. : Direction des industries de transformation et de la pêche

ECHOV : Enteric cytopathic human orphan virus

H.A.C.C.P. : Hazards analysis critical control points

I.F.S. : International food standards

I.S.O. : International standards office

M.E.M.T.M. : Ministère de l'économie maritime et des transports maritimes internationaux

N.A.S.A. : National aeronautics and space administration

O.M.S. : Organisation mondiale de la santé

P.D.C.A. : Plan do check and act

P.R.P. : Pré-requis préalables

S.N.C.D.S. : Société nouvelle des conserveries du Sénégal

U.S.A. : United states of America

V.C.E. : Valeur commerciale estimée

LISTE DES FIGURES

LISTE DES TABLEAUX

TABLE DES MATIERES

INTRODUCTION

Avec une moyenne de 90.000 tonnes de produits halieutiques exportés annuellement depuis 1996 [9], la pêche constitue un des secteurs les plus importants de l'économie du Sénégal. Ces produits sont exportés vers l'Union Européenne, l'Afrique, l'Amérique et l'Asie. L'Union Européenne reste la principale destination, avec plus de 60% du volume total. Ceci fait de la pêche un important secteur générateur de devises. A titre d'exemple, les exportations des produits de la pêche ont généré 157,57 milliards de francs CFA au cours de l'année 2005 [28].

L'exportation des denrées alimentaires d'origine animale en général et des produits halieutiques en particulier, doit tenir compte des contraintes sanitaires. En effet, la fin du siècle passé a vu l'émergence de nombreuses crises alimentaires qui ont défrayé la chronique. C'est le cas de la salmonellose aux U.S.A., de la maladie de la vache folle (encéphalopathie spongiforme bovine) et des dioxines en Europe. Ceci a occasionné une inquiétude chez les consommateurs, qui sont devenus plus exigeants et stricts en ce qui concerne la qualité des denrées alimentaires d'origine animale.

C'est pourquoi de nombreuses réglementations et normes ont vu le jour afin de fixer des exigences relatives à la salubrité des aliments. Les échanges internationaux se sont inscrits dans cette optique. L'Union Européenne subordonne l'importation à partir d'un pays tiers à la mise en place d'un programme de gestion de la qualité adéquat.

Le système H.A.C.C.P. (Hazards Analysis Critical Control Points) ou analyse des dangers, maîtrise des points critiques ; est une méthode permettant de gérer de façon préventive la salubrité des aliments. Les différentes normes et réglementations l'ont intégré, en tant qu'outil indispensable dans l'assurance qualité.

L'Union Européenne l'a rendu obligatoire, d'une part lors de la publication des directives 91/493/CEE et 95/71/CEE aujourd'hui abrogées, et dans la récente réglementation dite « paquet hygiène » d'autre part.

Le Sénégal fut le deuxième pays africain à être agréé pour l'exportation des produits halieutiques vers l'Union Européenne en 1996. Ainsi, les entreprises sénégalaises ont mis en place et appliqué le système H.A.C.C.P. Celui-ci s'accompagne d'une obligation de résultats, car aucun produit dangereux ne doit être mis sur le marché. Les défaillances dans son application peuvent conduire à la mise sur le marché de produits menaçant la santé des consommateurs, et occasionner une suspension ou retrait de l'agrément. Ce dernier peut être suspendu ou retiré non seulement pour l'entreprise concernée, mais aussi pour l'ensemble des entreprises exportatrices ; ce qui serait hautement préjudiciable à l'économie sénégalaise.

Le système H.A.C.C.P. doit s'accompagner d'une amélioration continue. Les entreprises doivent régulièrement le revoir, l'actualiser et l'adapter aux différentes situations. Elles doivent également veiller à ce qu'il demeure conforme afin de garantir la sécurité des consommateurs et sauvegarder leurs agréments.

C'est pourquoi nous avons choisi de traiter le sujet suivant : « **Contribution à l'étude des non-conformités rencontrées dans l'application du système H.A.C.C.P. dans les industries de transformation des produits de la pêche au Sénégal** ».

Ce travail comprend deux parties :

- ❖ la première partie est une synthèse bibliographique, situe l'importance de la pêche au Sénégal, décrit ce qu'il faut faire en matière de gestion de la qualité et explique le système H.A.C.C.P. ainsi que les non-conformités dans son application ;
- ❖ la deuxième partie montre les enquêtes réalisées sur le terrain, leurs résultats, et présente des recommandations.

PREMIERE PARTIE : SYNTHESE BIBLIOGRAPHIQUE

CHAPITRE I : IMPORTANCE DU SOUS-SECTEUR DE LA PECHE AU SENEGAL

Le Sénégal dispose d'une côte très poissonneuse sur sa frange maritime occidentale et compte trois grands fleuves (Sénégal, Gambie, Casamance) ; ce qui fait que la pêche est d'une importance remarquable sur le plan économique et sanitaire.

1. Importance économique

L'importance économique de la pêche au Sénégal est double. Non seulement la pêche constitue une source importante de devises, mais aussi elle joue un rôle socio-économique vital qui fait que le poisson est qualifié par certains d' « or bleu ».

1.1. Importance au niveau Macro-économique

1.1.1. Les entreprises des produits de la pêche [16]
Les entreprises des produits de la pêche sont à classer en diverses catégories selon leur taille ou leur volume de production. La classification fondée sur la taille des unités n'est pas très précise, car elle est basée sur des suppositions. Il en est de même pour celle basée sur le volume de production car l'importance des débarquements varie en fonction des saisons de pêche. C'est pourquoi la classification tenant compte des types de produits s'avère la plus fiable. Dans ce cas on obtient les produits frais, les produits congelés, salés et séchés, les conserves et la farine de poissons.

1.1.1.1. Produits frais : poissons entiers frais et filets frais

Beaucoup d'unités exportatrices s'adonnent à cette activité : cas de SACEP, AFRICAMER, AMERGER, IKAGEL, etc. Les poissons sont conditionnés sous glace en caisse de polystyrène.

Les filets sont sous feuillets protecteurs avant d'être glacés et placés dans les caisses. Une partie de ces produits est également conditionnée en emballages industriels sous vide.

1.1.1.2. Produits congelés

En général, les sociétés exportatrices de produits congelés s'adonnent également à d'autres activités comme les produits frais élaborés et/ou frais entiers. Elles constituent au sein du tissu industriel sénégalais, une trentaine d'usines dont les plus importantes sont : AMERGER, AFRICAMER, SENEMER.

Une grande partie de ces produits est exportée vers l'Europe, une partie des céphalopodes est destinée au Japon. Ces produits sont expédiés en containers frigorifiques par voie maritime.

1.1.1.2.1. Les poissons congelés entiers

Il s'agit de poissons à grande valeur commerciale, mais qui ont été congelés à bord (cas des chalutiers congélateurs), car la qualité ne permet pas une valorisation en frais à l'expédition.

1.1.1.2.2.   Les crevettes congelées

L'exportation des crevettes congelées existe, mais l'importance des devises venant du poisson est telle que celle des crevettes est négligeable.

AMERGER s'adonne à cette activité de manière périodique, du fait de l'irrégularité de l'approvisionnement en matières premières par les mareyeurs. Les crevettes sont dans leur quasi-totalité exportées congelées.

Elles sont le plus souvent entières et crues. Les crevettes sont achetées par les sociétés de transformation qui les congèlent dans leurs ateliers à terre.

1.1.1.2.3. Les céphalopodes congelés

Les céphalopodes constituent une cible particulièrement rémunératrice, mais les débarquements sont extrêmement variables d'une année à l'autre. Le travail des céphalopodes ne peut être utilisé comme base de gestion d'une unité de transformation. Les céphalopodes traités sont les seiches et les poulpes. Les poulpes sont éviscérés avant d'être congelés. Les seiches peuvent être conservées entières ou lavées en un bloc. Elles peuvent être également transformées en blanc de seiches. Dans ce cas, les têtes et les tentacules sont récupérées et valorisées séparément. Les produits proviennent de la pêche artisanale, mais aussi des chalutiers congélateurs dont les produits seront décongelés avant d'être recongelés.

1.1.1.2.4. Les filets congelés

Ils sont l'apanage des unités de transformation installées à terre. Ils sont préparés à partir de blocs de poissons congelés qui seront décongelés. Les produits proviennent soit de la pêche artisanale, soit de la pêche industrielle glacière, sinon des chalutiers congélateurs.

1.1.1.3. Les produits salés et séchés

Cette activité n'est pas encore très importante pour nécessiter l'exportation vers l'Europe. Dans cette activité, les poissons exploités sont en général de faible valeur marchande : petits pélagiques, thonidés mineurs, mâchoirons, etc.

1.1.1.4. Les conserves

Au Sénégal, les conserveries fabriquent surtout du thon. C'est le cas de la S.N.C.D.S., CONDAK et PECHERIES FRIGORIFIQUES DU SENEGAL. L'activité de ces unités est essentiellement destinée à l'exportation.

1.1.1.5. La farine de poisson

Actuellement, les principales unités en activité sont AFRIC AZOTE et SENEGAL PROTEINE. La préparation des farines de poisson se fait à partir des sous-produits de la pêche qui peuvent être :

- des poissons non consommables par l'homme ;
- des poissons non vendus ;
- des poissons séchés en vue de la fabrication des farines ;
- des déchets de l'industrie des conserves.

Les farines de poissons sont de composition et de valeur très variables, selon la nature des matières premières et de la technique employée. Elles constituent d'excellentes sources de protéines surtout pour l'alimentation des monogastriques.

1.1.2. Le niveau des exportations

L'Union Européenne reçoit, à elle seule, plus de 60% des produits exportés [9]. Ces produits génèrent des devises importantes pour l'économie du Sénégal. Les quantités exportées connaissent des fluctuations, qui causent des déficits économiques énormes (Tableau I). Cela est dû aux diverses raisons entre autres la mise à l'arrêt des sociétés ne répondant pas aux normes, et les problèmes d'ordre économique.

Tableau I : Quantité et valeurs des exportations de 2003 à 2005

Produits	Années		
	2003	2004	2005
Frais (tonnes)	7195,4	8184,7	8990,07
Congelés (tonnes)	71603,1	71180,5	62955,91
Transformés (tonnes)	7419,2	5328,1	3161,21
Conserves (tonnes)	9747,4	7776,1	7996,97
Total (tonnes)	**95965,3**	**92469,4**	**83104,16**
VCE (en milliards CFA)	**171,38**	**165,14**	**154,57**

Sources : [25], [26], [27].

L'importance de la pêche au Sénégal n'est pas seulement macro-économique, elle est aussi micro-économique.

1.2.   Importance au niveau micro-économique

La pêche joue un rôle fondamental sur le plan socio-économique. Celui-ci va de l'alimentation à la création d'emplois qui contribue considérablement à lutter contre la pauvreté. La pêche s'avère ainsi d'une importance capitale, qu'elle soit artisanale ou industrielle.

La pêche artisanale constitue la part la plus importante des mises à terre et représente également une source importante d'apport en protéines animales aux populations.

Quant à la pêche industrielle, elle contribue énormément à la création d'emplois surtout pour les femmes.
Au-delà de son importance économique, la pêche revêt une autre importance en rapport avec la santé des consommateurs.

2. Importance sanitaire

Les produits de la pêche sont responsables de certaines toxi-infections alimentaires. Ces dernières proviennent des contaminations pouvant survenir à tous les niveaux de la chaîne alimentaire à savoir la production, la transformation, la distribution, l'entreposage et la manutention. C'est pourquoi il faut une gestion rigoureuse de la qualité des produits afin de garantir la sécurité des consommateurs. Par là le système H.A.C.C.P. trouve toute son importance en tant qu'un outil permettant de garantir la sécurité et la salubrité des aliments.

Les entreprises de transformation des produits de la pêche doivent être sûrs de la salubrité des produits mis sur le marché, en mettant en place une adéquate gestion de la qualité.

CHAPITRE II : GESTION DE LA QUALITE DANS LES ENTREPRISES DES PRODUITS DE LA PECHE

1. Définitions selon la norme ISO 9000 : 2005 [3]

❖ La Qualité : Aptitude d'un ensemble de caractéristiques intrinsèques à satisfaire des exigences. Le terme « qualité » peut être employé avec des qualificatifs tels que bon, médiocre ou excellent. Quant aux exigences, elles sont avant tout celles du client, mais elles peuvent aussi être celles des personnes ayant un intérêt dans le fonctionnement ou le succès de l'organisme qui fournit le produit ou le service.

❖ Les exigences : Besoins ou attentes formulés, habituellement implicites ou imposés.

❖ Le management de la qualité: Activités coordonnées permettant d'orienter et de contrôler un organisme en matière de qualité.

❖ Politique qualité : Orientations et intentions générales d'un organisme relatives à la qualité telles qu'elles sont officiellement formulées par la direction.

❖ Assurance de la qualité : Partie du management de la qualité visant à donner confiance en ce que les exigences pour la qualité seront satisfaites.

❖ Contrôle : Evaluation de la conformité par observation et jugement accompagné, si nécessaire, de mesurages, d'essais ou de calibrage.

❖ Traçabilité : Aptitude à retrouver l'historique, la mise en œuvre ou l'emplacement de ce qui est examiné.

2. Normalisation et réglementation en matière de produits de la pêche

La réglementation est d'application obligatoire alors que la norme est d'application volontaire. Son but est de permettre à l'entreprise de se positionner valablement dans la conquête des marchés et de se pérenniser. Les normes peuvent être des normes d'entreprise, des normes nationales, régionales ou internationales.

Une industrie agro-alimentaire peut être sous assurance qualité classique, mais il existe des normes spécifiques pour les aliments, qui intègrent explicitement la sécurité de l'aliment notamment les normes ou référentiels I.F.S., B.R.C., EurepGap, et ISO 22000 [10]. L'I.F.S. (International Food Standard) est un référentiel d'audit des fournisseurs c' « aliments marques de distributeurs ». Il est imposé par de nombreux distributeurs en Union Européenne.

Le B.R.C. (British Retail Consortium) est un référentiel voisin de l'I.F.S. qui impose l'adoption du H.A.C.C.P., un système de gestion de la qualité efficace, le contrôle des normes sur l'environnement de l'usine, les produits, les procédés et le personnel. Quant à EurepGap, c'est un référentiel des bonnes pratiques sur les exploitations agricoles. Ces référentiels ont suscité un besoin d'harmonisation qui a conduit à la Norme ISO 22000 :2005 [10].

2.1. La Norme ISO 22000 : 2005

2.1.1. Genèse

Les nombreuses crises alimentaires qui ont affecté le secteur agro-alimentaire au cours de ces dernières années ont contribué au renforcement des exigences de transparence et de confiance de la part des consommateurs. Le cas des Salmonelloses aux USA, de l'encéphalopathie spongiforme bovine (Maladie de la Vache folle) et des dioxines en Europe ont suscité une inquiétude au sein des consommateurs, à telle enseigne que les méventes des denrées alimentaires d'origine animale ont occasionné des pertes économiques importantes.

C'est dans le souci de rassurer les consommateurs que certains pays comme le Danemark, les Pays Bas, l'Irlande, l'Australie et le Brésil ont élaboré des normes nationales ou standards d'audit, concernant le management de la sécurité des aliments.

Cependant, ce foisonnement des référentiels privés a engendré une certaine confusion auprès des entreprises et organismes de la chaîne alimentaire. C'est dans le souci d'harmoniser la gestion de la sécurité des denrées alimentaires qu'a été mise en place la Norme ISO 22000 : 2005 sous l'initiative de l'association danoise de normalisation. Après trois ans d'un travail d'arrache pied qui a vu la participation de 67 experts venant de 24 pays, cette norme fut publiée en Septembre 2005 [8].

2.1.2. Domaines d'application.

La Norme ISO 22000 : 2005 s'applique à tous les organismes, quelle que soit leur taille et leur complexité, qui sont impliqués dans un aspect de la chaîne alimentaire. Celle-ci se définit comme étant la séquence des étapes et opérations impliquées dans la production, la transformation, la distribution, l'entreposage et la manutention d'une denrée alimentaire et de ses ingrédients, de la production primaire à la consommation [2]. Cette norme concerne tous les organismes et entreprises qui veulent mettre en œuvre des systèmes permettant de fournir en permanence des produits sûrs, satisfaisant à la fois aux exigences des clients ayant fait l'objet d'un accord et aux exigences réglementaires en matière de sécurité des denrées alimentaires.
Donc le domaine de la pêche fait partie du champ d'action de cette norme.

2.1.3. Eléments clés

Au-delà des exigences de la qualité avec lesquelles elle est parfaitement convergente, la Norme ISO 22000 :2005 spécifie des exigences comprenant cinq éléments qui sont connus comme essentiels pour assurer la sécurité des aliments à tous les niveaux de la chaîne alimentaire. Il s'agit de :

- ❖ l'approche système,
- ❖ la communication interactive,
- ❖ la traçabilité,
- ❖ le plan H.A.C.C.P.,
- ❖ les programmes pré-requis.

Les programmes pré requis se définissent comme étant les conditions et activités de base nécessaires pour maintenir tout au long de la chaîne alimentaire un environnement hygiénique approprié à la production, à la manutention et à la mise à disposition de produits finis sûrs et de denrées alimentaires sûres pour la consommation humaine [2].

Il s'agit, en d'autres termes, des Bonnes pratiques de fabrication adaptées à tous les échelons de la chaîne alimentaire.

2.2. Réglementation internationale

Nous nous limiterons à la réglementation européenne, car l'Union Européenne constitue la principale destination des produits halieutiques sénégalais exportés.

L'Union Européenne vient de se doter d'une nouvelle réglementation en matière de la sécurité des aliments. Cette réforme est issue du livre blanc de la Commission des Communautés européennes et prescrit une large refonte de la législation alimentaire avec comme principal objectif une simplification des textes.

Ceci a abouti à la mise en place du règlement CE n° 178/2002 du 28 Janvier 2002, complété par trois autres règlements et deux directives et le tout forme le « Paquet Hygiène » communautaire.

Le règlement CE n° 178/2002 du 28 Janvier 2002 est appelé aussi « Food law ». Ses dispositions principales sont entrées en application le 1er Janvier 2005 et fondent toute la législation de l'Union Européenne en matière d'alimentation de l'homme et des animaux. Il établit donc les principes généraux, les dispositions générales et les prescriptions générales de la législation alimentaire instituant l'autorité européenne de la sécurité des aliments. Elle fixe les procédures relatives à la sécurité des denrées alimentaires. Parmi ces dispositions générales nous pouvons citer la confirmation de l'importance des principes du système H.A.C.C.P. et le recours aux Guides des Bonnes Pratiques.

A côté de la « Food law » nous avons des textes applicables aux entreprises qui sont :
- ❖ le règlement CE n° 852/2004 du parlement et du conseil du 30 Avril 2004 relatif à l'Hygiène des denrées alimentaires ;
- ❖ le règlement n° 853/2004 du parlement et du conseil du 30 Avril 2004 fixant les textes spécifiques d'hygiène applicables aux denrées alimentaires d'origine animale ;

Il y a également des textes applicables aux Etats Membres qui sont :
- ❖ le règlement CE n° 854/2004 du parlement et du conseil du 29 Avril 2004 fixant les règles spécifiques d'organisation des contrôles officiels concernant les produits d'origine animale destinés à la consommation humaine ;

❖ le règlement CE n° 882/2004 du parlement et du conseil du 29 Avril 2004 relatif aux contrôles officiels effectués pour assurer la conformité avec la législation sur les aliments pour animaux et les denrées alimentaires et avec les dispositions relatives à la santé animale et au bien-être des animaux.

En complément à ces textes nous avons deux directives qui sont :

❖ la directive CE n° 2004/41 du parlement européen et du conseil du 21 Avril 2004 ;
❖ la directive CE n° 2002/99 du conseil du 16 Décembre 2002 fixant les règles de police sanitaire régissant la production, la transformation, la distribution et l'introduction des produits d'origine animale destinés à la consommation humaine ;

La « Food law » est entrée en application depuis le 1er Janvier 2005. Il en est de même pour la directive CE n°2002/99. Quant aux nouveaux règlements et la directive CE n°2004/41, ils sont entrés en application le 1er Janvier 2006 [9].

2.3. Réglementation nationale sénégalaise

L'autorité compétente chargée du contrôle des produits de la pêche au Sénégal est représentée par la D.I.T.P. (Direction des Industries de transformation des produits de la pêche).

2.3.1. Rôle de la D.I.T.P. [30]

La DITP est une direction technique du ministère de l'économie maritime et des transports maritimes (M.E.M.T.M.) tel qu'il est stipulé par le décret n° 2005-569 du 22 Juin 2005. Son fonctionnement est défini par l'arrêté n° 002461 du 19 Avril 2006.

La D.I.T.P. comprend trois divisions à savoir la division des inspections et du contrôle, la division chargée de la promotion et la valorisation des produits ainsi que celle chargée de la législation et du suivi des industries.

2.3.2. Rôle des Agents de la DITP [30]

Ce sont les agents de la D.I.C. (Division des inspections et du contrôle) qui interviennent dans le cadre de la sécurité et la salubrité des produits halieutiques au sein des industries de transformation. Ils s'occupent spécialement :

- ❖ de l'application des normes relatives aux conditions d'implantation des établissements de transformation à terre ainsi que des normes requises pour les navires avant l'attribution d'un agrément ;
- ❖ de l'appui à la mise en place des plans de masse pour les nouvelles structures ;
- ❖ de l'audit, de l'inspection technique et sanitaire des établissements à terre et des navires agréées ou sollicitant un agrément ;
- ❖ de la gestion des agréments délivrés aux établissements de transformation à terre et aux navires de pêche ;
- ❖ du contrôle de la qualité et de la certification des produits de la pêche à l'exportation, ainsi que de l'application du concept H.A.C.C.P. sur toute la filière de transformation ;
- ❖ des statistiques d'exportations.

La D.I.C. comprend un bureau de contrôle des produits halieutiques (B.C.P.H.), un bureau des agréments et un bureau des statistiques d'exportations.

La réglementation sert de guide aux entreprises, car celles-ci sont responsabilisées en vue de mettre sur le marché des produits sûrs. C'est pourquoi il faut, dans chaque entreprise, un programme de gestion de la qualité efficace.

16

3. Conditions de mise en œuvre d'un programme de gestion de la qualité

3.1. L'engagement de la direction de l'entreprise

Il s'agit d'une déclaration d'intention. Cette clause exige que le chef d'entreprise fasse une déclaration écrite pour faire connaître les buts et objectifs de la société en matière de qualité et de satisfaction du client [22]. La direction générale de l'entreprise doit être convaincue que la certification permet à la société de démontrer à ses clients un engagement visible en terme de qualité.

Elle doit être convaincue qu'un système qualité permettra d'améliorer l'efficacité générale de l'entreprise en éliminant le gaspillage du double emploi des systèmes de gestion. Elle doit donc définir la politique qualité et en informer chaque employé [9].

Afin de fournir la preuve de son engagement au développement et à la mise en œuvre du système de management de la qualité ainsi qu'à l'amélioration continue de son efficacité, l'entreprise doit [4] :

- ❖ communiquer au sein de l'organisme l'importance à satisfaire les exigences des clients ainsi que les exigences réglementaires et légales ;
- ❖ établir la politique qualité ;
- ❖ assurer que les objectifs qualité sont établis ;
- ❖ mener des revues de direction ;
- ❖ assurer la disponibilité des ressources.

Cela implique qu'en aucun cas, les employés ne peuvent être pris pour responsables des défaillances en matière de qualité tant que la direction n'a pas fait d'engagement et mis des moyens qu'il faut. Il revient, par conséquent, à la direction de ne pas se limiter à la publication de l'engagement.

Celui-ci doit s'accompagner de la formation et de la sensibilisation des employés, qui doivent aussi avoir à leur disposition les moyens nécessaires.

Le rôle du personnel est primordial, étant donné que toute politique qualité qui n'inclue pas la sensibilisation et l'implication active des employés est vouée à l'échec. La direction doit aussi confier à un cadre toutes les activités en rapport avec sa politique qualité : le responsable qualité.

3.2. Recrutement d'un responsable qualité

Chaque entreprise doit recruter un responsable qualité. Ce dernier est directement rattaché à la direction générale de l'entreprise et jouit entièrement d'une indépendance hiérarchique vis-à-vis du responsable de la production. Ceci permet d'éviter des conflits d'intérêts.

Il doit également avoir des connaissances scientifiques requises en matière de qualité en industrie agro-alimentaire, notamment dans les domaines de la microbiologie, de l'épidémiologie, de l'hygiène et de la technologie alimentaires [20].

L'organisation de tout ce qui est en rapport avec la qualité incombe au responsable qualité qui est également astreint à une collaboration étroite avec les responsables des autres services (production, manutention, maintenance...).

3.3. Conception d'une organisation adaptée.

C'est la détermination des responsabilités, des liaisons hiérarchiques et leur agencement selon une structure permettant à l'entreprise d'accomplir ses fonctions [22]. Un organigramme doit être conçu à cet effet. Il n'existe pas d'organisation fixe pour toutes les entreprises. Chaque entreprise doit concevoir un organigramme qui convient à sa taille, l'essentiel étant de clarifier les responsabilités de chaque service.

3.4. Le Manuel Qualité

3.4.1. Définition

D'après la Norme ISO 9000 : 2005 [3], le manuel qualité est un document spécifiant le système de management de la qualité d'un organisme. Le degré de détail et la forme d'un manuel qualité peuvent varier pour s'adapter à la taille et à la complexité d'un organisme particulier.

3.4.2. Rôle et importance du manuel qualité

L'objet d'un manuel qualité est de décrire de façon adéquate le système de gestion de la qualité, en servant de référence permanente dans la mise en œuvre et le maintien de ce système [16].

Il remplit les fonctions suivantes :

❖ pour l'usage interne à l'entreprise, c'est le document de base en matière de management de la qualité servant de référence à tous les niveaux hiérarchiques ;

❖ pour usage dans les relations clients-fournisseurs, c'est l'image de marque en matière d'assurance de la qualité, et permet au fournisseur de gagner la confiance du client ;

❖ pour usage en matière de certification de système qualité, il est le seul document à partir duquel sera conduit l'audit d'évaluation des aptitudes.

Le manuel qualité est donc l'image écrite de l'entreprise en matière de politique qualité et d'organisation.

3.5.2. Rédaction et contenu du manuel qualité

La rédaction des différents chapitres du manuel qualité est une œuvre collective à laquelle les différents services concernés de l'entreprise doivent participer. Il convient que leurs chefs soient fortement impliqués dans cette rédaction, car ils s'engagent eux-mêmes à appliquer les dispositions écrites qui les concernent [14].

Le manuel qualité doit être régulièrement tenu à jour et comprend [4] :

❖ le domaine d'application du système de management de la qualité, y compris les détails et la justification des exclusions ;

❖ les procédures documentées établies pour le système de management de la qualité, ou la référence à celle-ci ;

❖ une description des interactions des processus du système de management de la qualité.

Le management de la qualité englobe l'assurance et le contrôle de la qualité, mais elle trouve son essence qui est sa nature préventive dans l'assurance de la qualité.

4. Assurance qualité

4.1. Définition

Selon la norme ISO 9000 :2005 [3], l'assurance qualité se définit comme étant une partie du management de la qualité visant à donner confiance en ce que les exigences pour la qualité seront satisfaites. Le management de la qualité, quant à lui, désigne l'ensemble des activités coordonnées permettant d'orienter et de contrôler un organisme en matière de qualité. A l'opposé du contrôle qualité qui permet de constater une situation, l'assurance qualité a avant tout un objectif de prévention. Il se base sur une formalisation du travail en amont qui permet d'anticiper et éviter les dérives grâce à ses principes.

4.2. Principes de l'assurance qualité

L'assurance qualité se base sur un enchaînement de quatre étapes qui permettent de développer la prévention afin de réduire le besoin de corrections [11] :

❖ Planifier (*Plan*) : Définir ce qu'on veut obtenir et comment l'obtenir, puis l'écrire en détail (manuel, procédures), selon un modèle (norme).

20

❖ Faire (*Do*) : Mettre en place les moyens et les hommes pour atteindre les objectifs et maîtriser les processus (responsables identifiés), puis faire ce qui a été écrit.

❖ Vérifier (*Check*) : Vérifier que ce que l'on fait est conforme à ce qui avait été planifié (contrôles, audits).

❖ Améliorer, réagir (*Act*).

Il s'agit du P.D.C.A. (Plan do check and act) qui se traduit par la « Roue de DEMING », du nom de son inventeur Edwards DEMING (1900-1993). Ces quatre étapes sont schématisées sur une roue qui surmonte une pente et supportée par une cale. Cette ascension sur une pente montre qu'il s'agit d'une progression et la cale signifie que l'on évite un retour en arrière (Figure 1). Il s'agit donc d'une « Amélioration continue ».

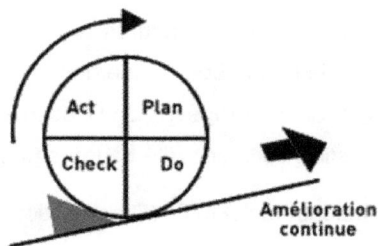

Figure 1 : La roue de DEMING
Source : [18]

L'assurance qualité, afin de préserver son caractère préventif, s'appuie sur un outil indispensable dans la gestion de la qualité des aliments. C'est le système H.A.C.C.P.

CHAPITRE III : LE SYSTEME HACCP

1. Définition

Le H.A.C.C.P. (Hazards Analysis Critical Control Points) ou Analyse des dangers, Maîtrise des points critiques (A.D.M.P.C.) en français, doit être considéré comme une approche organisée et systématique permettant de construire, de mettre en œuvre ou d'améliorer l'assurance de la qualité microbiologique des denrées alimentaires. Il est également utilisé pour les aspects chimiques ou physiques de la sécurité des produits [19].

2. Historique

Cette méthode a vu le jour dans les années 1970, dans l'industrie chimique américaine avec la société Pillsbury Corporation. Rapidement, elle a trouvé des applications dans le domaine agro-alimentaire, notamment pour la gestion des dangers de contamination des fournitures alimentaires des programmes spatiaux de la N.A.S.A. ou le risque botulinique dans l'industrie de la conserve. Par la suite, les grands groupes européens de l'industrie alimentaire ont utilisé cette méthode pour la gestion de la sécurité de leurs fabrications [31].

Suivant les recommandations de l'O.M.S. (Organisation Mondiale de la Santé) et du Codex Alimentarius, la Communauté Européenne a introduit l'utilisation du système HACCP par la directive 93/43 du 14 juin 1993 relative à l'hygiène des denrées alimentaires. Cette réglementation européenne a rapidement été retranscrite en droit français pour les produits de deuxième et troisième transformations. La généralisation de l'emploi de la méthode à l'ensemble des filières agro-alimentaires se met ensuite en place. La démarche HACCP est devenue obligatoire depuis 1998 pour les entreprises souhaitant réaliser du commerce international [31].

3.   Objectifs

Dans le domaine des industries des produits de la pêche, le système HACCP vise [20] :

- ❖ la réduction des pertes après capture,
- ❖ la commercialisation des produits de la pêche sains et de bonne qualité,
- ❖ la conformité aux normes sanitaires et de qualité du marché international, notamment du marché de l'Union Européenne.

4. Avantages du système H.A.C.C.P.

Ces avantages sont [19] :

- ❖ sa simplicité,
- ❖ sa spécificité,
- ❖ son adaptabilité,
- ❖ sa capacité de permettre l'identification des problèmes et leur résolution avant leurs manifestations,
- ❖ sa nature structurée et systématique permettant de distinguer l'essentiel de l'accessoire,
- ❖ son caractère pluridisciplinaire, participatif et responsabilisant.

5. Fonctionnement du système H.A.C.C.P.

Le système HACCP comprend les programmes préalables, les étapes préliminaires et les principes sur lesquels il est fondé. Les programmes préalables sont désignés de façon générique alors que les étapes préliminaires et les principes constituent un ensemble de douze étapes bien précises, qui constituent le système H.A.C.C.P.

Il convient de signaler qu'il existe une autre version du système H.A.C.C.P. qui est constitué par quatorze étapes au lieu de douze [11].

Dans notre cas, nous avons choisi d'utiliser la version de douze étapes car c'est elle qui est issue du Codex Alimentarius. Par ailleurs, cette version de quatorze étapes n'est pas fonctionnellement différente de celle du Codex.

5.1. Les Programmes préalables

Certaines conditions doivent être remplies pour permettre l'application du système H.A.C.C.P. Il s'agit des bonnes pratiques d'hygiène ou, selon la notion nouvellement introduite par la norme ISO 22000 :2005, des programmes pré-requis (PRP). Ce sont des mesures de maîtrise des dangers pour la sécurité alimentaire qui ont été éprouvées de longue date et documentées à différents niveaux : législation, guides de branche, cahiers de charges, référentiels de certification [8].

Lors de la construction d'une usine de transformation, en particulier des produits de la pêche, celle-ci doit être aménagée selon un système de traitement des produits en séquence continue conçu pour éviter les sources potentielles de contamination, réduire les délais d'intervention qui peuvent entraîner une baisse ultérieure de la qualité du poisson et éviter la contamination croisée entre les produits finis et les matières premières. Le poisson est un aliment très périssable et doit être manipulé avec soin et réfrigéré dans les plus brefs délais. L'usine de transformation du poisson doit donc être conçue pour la transformation rapide et l'entreposage du poisson et des produits de la pêche [9].

Avant d'appliquer le système H.A.C.C.P. à un secteur quelconque de la chaîne alimentaire, il faut que ce secteur fasse appel à des programmes préalables tels que les bonnes pratiques d'hygiène, conformément aux principes généraux d'hygiène alimentaire du Codex, aux codes d'usage correspondants du Codex et aux exigences appropriées en matière de sécurité des aliments.

Les conditions nécessaires au bon fonctionnement du système H.A.C.C.P. notamment la formation, devraient être dûment mises en place, pleinement opérationnelles et vérifiées afin de permettre une application et une mise en œuvre concluantes du système H.A.C.C.P. [8].

5.2. Etapes préliminaires

Cinq étapes préliminaires servent de relais entre les programmes préalables et les principes du H.A.C.C.P.

5.2.1. Constitution d'une équipe pluridisciplinaire

C'est une équipe encore appelée « équipe H.A.C.C.P. ». Sa composition doit figurer dans le manuel H.A.C.C.P. Elle réunit les personnes ayant les compétences requises (connaissances et expérience), dans les domaines de la microbiologie, de l'épidémiologie, de l'hygiène et de la technologie alimentaires [21]. Cette équipe a comme coordonnateur et animateur le responsable qualité. On y trouve le directeur de l'entreprise et un représentant de chaque entité ou service dont les activités sont directement liées à la qualité des produits. Le rôle du directeur est d'affirmer l'engagement formel de la direction qui lui assure les moyens et les ressources d'agir.

Cette équipe a la tâche d'organiser la mise en œuvre de la politique qualité à travers toute l'entreprise et doit tenir périodiquement des réunions pour la vérification, le suivi ou la révision du système qualité. Chaque rencontre est sanctionnée par un procès verbal qui entre dans la documentation qualité [20].

5.2.2. Description du produit

La description des produits fabriqués est faite par l'équipe H.A.C.C.P. et doit figurer dans le manuel H.A.C.C.P. Cette description doit être aussi exhaustive que possible (Tableau II).

Tableau II : Exemple de rubriques d'une spécification d'un produit

Spécification	(Famille de) Produit (s)	
Produits		
Equipe Responsable		
Utilisation		
DLV/DLC		
Méthode de distribution		
Catégorie de risque		
Recette /Procédé		
Ingrédients/Matières premières		
Produits intermédiaires		
Produits finis		
Températures		
Composition		
Caractéristiques physico-chimiques		
Dangers à considérer		
Exigences microbiologiques		
Conditionnement		
Emballage		
Etiquetage/Datage		
Exemple d'étiquette		

Version N°   *Distribution*

Page 1/1

Date :

Source : [8]

26

Ainsi pour les conserves par exemple, elle concerne la matière première et les ingrédients (nature, pourcentage dans le produit fini, conditions de préparation, les caractéristiques physico-chimiques) et le produit fini.

Les caractéristiques du produit fini doivent faire l'objet d'une description documentée dans la mesure des besoins de la réalisation de l'analyse des dangers, contenant les informations relatives aux points suivants selon ce qui convient :

❖ le nom du produit ou une identification similaire ;
❖ la composition,
❖ les caractéristiques biologiques, chimiques pertinentes pour la sécurité des denrées alimentaires ;
❖ la durée de vie et les conditions de conservation prévues ;
❖ le conditionnement ;
❖ l'étiquetage relatif à la sécurité des denrées alimentaires et/ou les instructions pour la manipulation, la préparation et l'utilisation ;
❖ les méthodes de distribution.

L'organisme doit identifier les exigences légales et réglementaires en matière de sécurité des denrées alimentaires mentionnées ci –avant [8].

5.2.3. Identification de l'utilisation attendue

L'usage auquel est destiné le produit doit être défini en fonction de l'utilisateur ou du consommateur final [8]. Dans certains cas, il peut être nécessaire de prendre en considération les groupes vulnérables de population, tels que la restauration collective.

5.2.4. Construction du diagramme de fabrication

Il s'agit d'un examen détaillé du flux des produits et de chaque étape du procédé de son élaboration afin d'établir un diagramme de fabrication autour duquel pourra s'articuler le plan de l'analyse H.A.C.C.P. [21].

C'est l'équipe H.A.C.C.P. qui doit être chargée d'établir le diagramme de fabrication. Ce diagramme doit mentionner toutes les étapes opérationnelles pour un produit donné. Le diagramme présentera la séquence de toutes les étapes de fabrication, depuis l'arrivée de la matière première dans l'entreprise jusqu'à la mise sur le marché du produit, y compris les temps d'attente pendant et entre les étapes. Il est possible d'utiliser le même diagramme pour plusieurs produits lorsque les étapes de transformation de ces produits sont similaires [20].

Le diagramme de fabrication doit être complété par le plan des installations et mentionner les mouvements des produits ainsi que du personnel. Les détails concernant chaque opération doivent être signalés (durée, température, etc.).

5.2.5. Confirmation sur site du diagramme de fabrication

L'équipe pluridisciplinaire, après avoir construit le diagramme de fabrication et avant le démarrage des activités, doit vérifier sur place si le diagramme de fabrication correspond à la réalité et s'il permet le respect des conditions hygiéniques d'exploitation. Tout nouvel aménagement ou toute nouvelle installation doit être confronté au diagramme. Afin d'assurer une vérification crédible et de fonder l'analyse des dangers sur des faits prouvés et non sur des hypothèses probables, il importe donc de [8] :

❖ vérifier l'exactitude des informations ;
❖ vérifier que les informations importantes n'ont pas été omises :

❖ vérifier à tous les stades des opérations, mais aussi à toutes les heures de production :
❖ discuter les pratiques avec les opérateurs.

Après ces étapes préliminaires, il ne reste qu'à mettre en branle les principes du système H.A.C.C.P., lesquels constituent la clef du système.

5.3. Principes du système H.A.C.C.P.

Ces principes sont au nombre de sept et vont de l'identification des dangers potentiels à la constitution des dossiers et registres.

5.3.1. Premier Principe : Analyse des dangers, identification des mesures préventives pour maîtriser les dangers

5.3.1.1. Analyse des dangers

C'est une étape essentielle dans la démarche H.A.C.C.P. Elle consiste à étudier à partir de la connaissance du produit et de ces procédés de fabrication, tous les dangers et les conditions de leur présence, leur gravité, leur fréquence et leur probabilité de manifestation afin de pouvoir identifier les mesures spécifiques pour les éviter.

Un danger se définit comme étant tout ce qui peut porter préjudice à la santé du consommateur ou à la qualité du produit. [1]. L'analyse des dangers se subdivise en deux phases :

❖ l'identification des dangers et des conditions de leur présence
❖ l'évaluation de ces dangers.

La première phase se déroule elle-même en deux temps et regroupe l'identification des dangers biologiques, chimiques ou physiques ainsi que l'identification des conditions de présence et de développement des dangers à chaque étape.

➢ Les dangers biologiques

Les produits de la pêche sont le siège d'une contamination très importante par les micro-organismes (virus et bactéries) et les parasites.

Les dangers microbiologiques : Les dangers des aliments consécutifs à leur contamination par les micro-organismes sont liés d'une part au risque de toxi-infection ou d'intoxination chez l'homme du fait de leur contact, et d'autre part au risque d'altération de ces aliments. La qualité microbiologique des aliments correspondra donc à leur flore sur le plan quantitatif et qualitatif et aux modifications qu'ils ont subies de ce fait par leur évolution. L'histoire de la denrée, la température, l'hygrométrie de stockage, la manipulation et sa nature déterminent cette évolution [24].

❖ Les dangers liés aux virus : Les principaux virus isolés des produits de la mer et en particulier des fruits de mer sont des virus intestinaux qui proviennent des fèces de l'homme [25].Ils sont surtout fréquents dans les huîtres. Ce sont :

• le virus de la poliomyélite qui provoque une infection marquée par des céphalées, des troubles gastro-intestinaux suivis d'une paralysie flasque d'apparition brutale ;

• le virus de l'hépatite A qui est couramment signalé comme transmis par les coquillages [15]. Il engendre une infection caractérisée par une phase pré ictérique avec fièvre, nausée, anorexie, des douleurs musculaires et articulaires ainsi qu'une phase ictérique avec oligurie, prurit et une hépatosplénomégalie. En dehors de ces deux virus précités, l' Enteric Cytopathic Human Orphan Virus (ECHOV) et les virus Coxsackie de type A et B sont également isolés des fruits de mer. Ils sont respectivement à l'origine d'une gastro-entérite et d'entérite chez l'homme.

❖ Les dangers liés aux bactéries : les produits de la mer sont le siège d'une contamination très importante par les bactéries [20]. Cette contamination se distingue en contamination initiale ou primaire liée à l'eau de mer ou à la flore commensale du poisson et en contamination secondaire qui survient après capture.

La contamination primaire ne concerne que la peau, les branchies et les viscères. Les muscles sont sains juste après capture La majorité des germes responsables de la contamination primaire sont de nature banale, exception faite à *Clostridium botulinum*, *Vibrio parahaemolyticus* et *Listeria monocytogenes*. Les germes banaux sont inoffensifs mais responsables de l'altération de la qualité marchande du poisson.

La contamination secondaire, quant à elle, survient après capture et se manifeste aux différents niveaux, de l'entreposage à la consommation.

On distingue donc les bactéries retrouvées dans les produits de la pêche en germes saprophytes et pathogènes.

- ✓ Les germes saprophytes : Ces germes sont généralement dépourvus de pouvoir pathogène vis-à-vis des consommateurs. Ce sont surtout des bactéries à Gram négatif avec deux grandes familles : les Enterobacteriaceae et les Pseudomonaceae.
  - La famille des Enterobacteriaceae : Les entérobactéries se rencontrent essentiellement dans le tube digestif de l'homme et des animaux. Elles se rencontrent dans les produits de la mer par le biais d'une contamination fécale. Ce sont les coliformes fécaux dont *Escherichia coli*, *Klebsiella*, *Citrobacter*, *Enterobacter*, mais aussi les entérobactéries non coliformes dont le genre *Proteus* [23].
  - La famille des Pseudomonaceae : Le genre *Pseudomonas* est le prototype de germe saprophyte. C'est un germe psychrophile qui entre dans la contamination primaire, mais peut également venir de l'eau de traitement (lavage, trempage des filets de poisson) ou des éclaboussures des eaux usées ou de l'eau de nettoyage. Il se développe et envahit la chair lors d'un traitement frigorifique mal adapté (réfrigération prolongée, température de réfrigération pas suffisamment basse).

Le genre Pseudomonas est donc responsable d'altérations aux basses températures, par conséquent la conservation des produits réfrigérés ne pourra qu'être limitée dans le temps. Le genre Alteromonas également se développe dans les mêmes conditions [20].

✓ Les germes pathogènes : sont des germes dangereux par contact ou par ingestion. Les premiers sont responsables des maladies telles que :

- L' Erysipéloïde deROSENBACH ou rouget de l'homme, contracté par manipulation des poissons ou des crustacés porteurs de germes dans leur mucus de revêtement. C'est le rouget professionnel des pêcheurs, écailleurs ou poissonniers.
- Les allergies par contact : Elles surviennent à la suite de manipulation de produits altérés et résultent des déchets d'altération des protéines tissulaires des poissons.

Les germes pathogènes ingérés sont les plus fréquents et les plus dangereux. On distingue [20] :

- Les anaérobies sulfito-réducteurs : Ce sont des bacilles anaérobies à Gram positif formant des endospores. Deux espèces sont responsables des toxi-infections : *Clostridium perfringens* et *Clostridium botulinum*. Leur danger est surtout lié à la résistance de leurs spores. Un traitement inadéquat au lieu de les détruire va activer leur germination. Ceci explique leur importance en conserverie.
- *Vibrio parahaemolyticus* : c'est un germe halophile responsable de gastro-entérite chez l'homme [6]. Il ne se multiplie qu'à des températures supérieures à 15 °C.

Les gastro-entérites à *Vibrio parahaemolyticus* ont généralement pour véhicule les produits de la mer consommés crus, insuffisamment cuits ou contaminés après cuisson. Les crustacés et les mollusques sont plus incriminés que les poissons.

- Les staphylocoques : *Staphylococcus aureus* vit chez l'homme dans la cavité nasale et la gorge, d'où la nécessité du port de masque. Il vit également dans la peau des mains. Il est enfoncé dans les glandes sudoripares et sébacées où il persiste même après nettoyage et brossage des mains, ce qui explique l'obligation du port de gants. Les souches entérotoxiques de *Staphylococcus aureus* secrètent plusieurs entérotoxines qui sont des protéines qui résistent aux enzymes protéolytiques, et qui sont thermostables. Il est donc responsable d'une intoxination car c'est la toxine qui est à l'origine des troubles.

Certains parasites sont également dangereux. On distingue entre autres des nématodes, cestodes, et trématodes.

En ce qui concerne les dangers biologiques, il est recommandé non seulement d'être très spécifique sur la nature précise du danger, mais également d'identifier la situation spécifique à laquelle on pense : contamination (directe ou croisée), développement ou survie. L'évaluation des dangers autant que les mesures de maîtrise en dépendront [8].

➢ Les dangers chimiques

Ces dangers sont liés à la présence à des taux inacceptables dans les produits de la pêche, de substances telles que le mercure dans les Scombrideae, le Cadmium dans les mollusques et les crustacés, les résidus de chlore dans les filets de poissons du fait des opérations de lavage et de trempage, les résidus de sulfure dans les crevettes traitées au bisulfite ainsi que les hydrocarbures dans les produits venant des mers polluées [20].

➢ Les dangers physiques

Ils sont peu importants dans les industries agro-alimentaires en particulier halieutiques. Ce sont des dangers liés à la présence de corps étrangers et de produits radiocontaminés dans les poissons. Il s'agit également des débris de parage, des arêtes et du noircissement des filets de poissons.

L'évaluation des dangers, consiste à apprécier qualitativement ou de préférence quantitativement, pour chaque danger et pour chaque condition identifiés, la gravité, la fréquence et la probabilité de manifestation [16].

La gravité d'un danger est fonction de son effet ou de son expression. Elle varie selon le point de vue duquel elle est envisagée (aspects sanitaire, juridique, commercial ou technologique).

La fréquence du danger détermine la priorité des dangers à considérer [14]. C'est ainsi que les dangers bactériens sont plus fréquents que les dangers viraux. De même, parmi les dangers bactériens les coliformes fécaux et les staphylocoques sont plus fréquents que les salmonelles et les anaérobies sulfito-réducteurs.

La probabilité du danger correspond à l'éventualité de manifestation de ce danger. Cette probabilité peut être faible, forte ou nulle. C'est ce qui correspond au risque qui est la probabilité de manifestation du danger.

L'évaluation du risque consiste à recenser tous les endroits où ces deux points peuvent se manifester : il s'agit des points à risque. L'analyse des dangers peut être systématisée par l'emploi du diagramme cause-effet d' ISHIKAWA appelé également « diagramme en arête de poisson ».

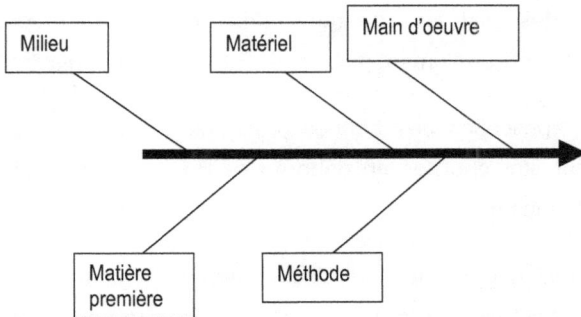

Figure 2 : Diagramme d'ISHIKAWA

Source : [18]

Ce diagramme met en exergue les sources potentielles des dangers qui sont les 5 « M » à savoir la main d'œuvre, le matériel, le milieu, les méthodes et les matières premières.

5.3.1.2. Identification des mesures préventives pour maîtriser les dangers

Il convient d'envisager les éventuelles mesures à appliquer pour maîtriser chaque danger [8]. Plusieurs interventions (mesures) sont parfois nécessaires pour maîtriser un danger spécifique et plusieurs dangers peuvent être maîtrisés à l'aide d'une même intervention. Il s'agit concrètement, tel qu'il est suggéré par la norme ISO 22000 :2005, de [2] :

❖ définir les PRP avant l'étude H.A.C.C.P ;

❖ identifier et évaluer quant à leur efficacité les combinaisons des mesures de maîtrise issues des P.R.P. ou complémentaires associées aux dangers « significatifs » évalués.

❖ attribuer la gestion et le suivi de l'efficacité de ces mesures soit à un plan H.A.C.C.P. soit à un P.R.P. opérationnel ;

❖ construire des systèmes de monitoring non seulement pour le plan H.A.C.C.P. mais également pour les P.R.P. opérationnels.

Ceci revient à l'application des bonnes pratiques d'hygiène, mais certaines mesures peuvent être choisies en dehors des P.RP. Parmi celles choisies parmi les P.R.P. nous avons :

❖ les principes hygiéniques de fonctionnement : Séparation du secteur sain et du secteur souillé, la marche en avant, le non-entrecroisement des courants de circulation, la mécanisation des transferts de charges et l'utilisation précoce et généralisée du froid ;

❖ les conditions tenant aux locaux et installations ;

❖ les conditions tenant au matériel d'exploitation ;

❖ les conditions tenant à l'hygiène des opérations.

D'autres mesures sont choisies en dehors des PRP, c'est le cas, à titre d'exemple, de l'introduction d'une technologie complémentaire poussée telle que les flux laminaires, le traitement de l'air et le détecteur des rayons X.

5.3.2. Deuxième principe : Détermination des points critiques à maîtriser

Après avoir identifié les dangers, évalué leur gravité, leur fréquence et leur probabilité de manifestation, identifié les mesures préventives pour maîtriser ces dangers, l'équipe H.A.C.C.P. doit voir pour chaque étape du diagramme de fabrication si celle-ci constitue ou non un point critique pour un danger donné.

5.3.2.1. Définition

Un point critique (C.C.P.) se définit comme étant une étape à laquelle une mesure de maîtrise peut être appliquée et est essentielle pour prévenir ou éliminer un danger lié à la sécurité des denrées alimentaires ou le ramener à un niveau acceptable [2].

5.3.2.2. Démarche d'identification d'un point critique

L'équipe H.A.C.C.P. doit se servir d'un « arbre de décision » pour décider si un point du diagramme de fabrication constitue un point critique ou pas.

Cet arbre est issu du Codex Alimentarius et est constitué par quatre questions. Cependant, la norme ISO 22000 :2005 propose un autre arbre de décision qui trouve son fondement dans celui du Codex Alimentarius. Nous nous limiterons à celui du Codex, vu qu'il est le plus utilisé et n'est pas fonctionnellement différent du nouveau.

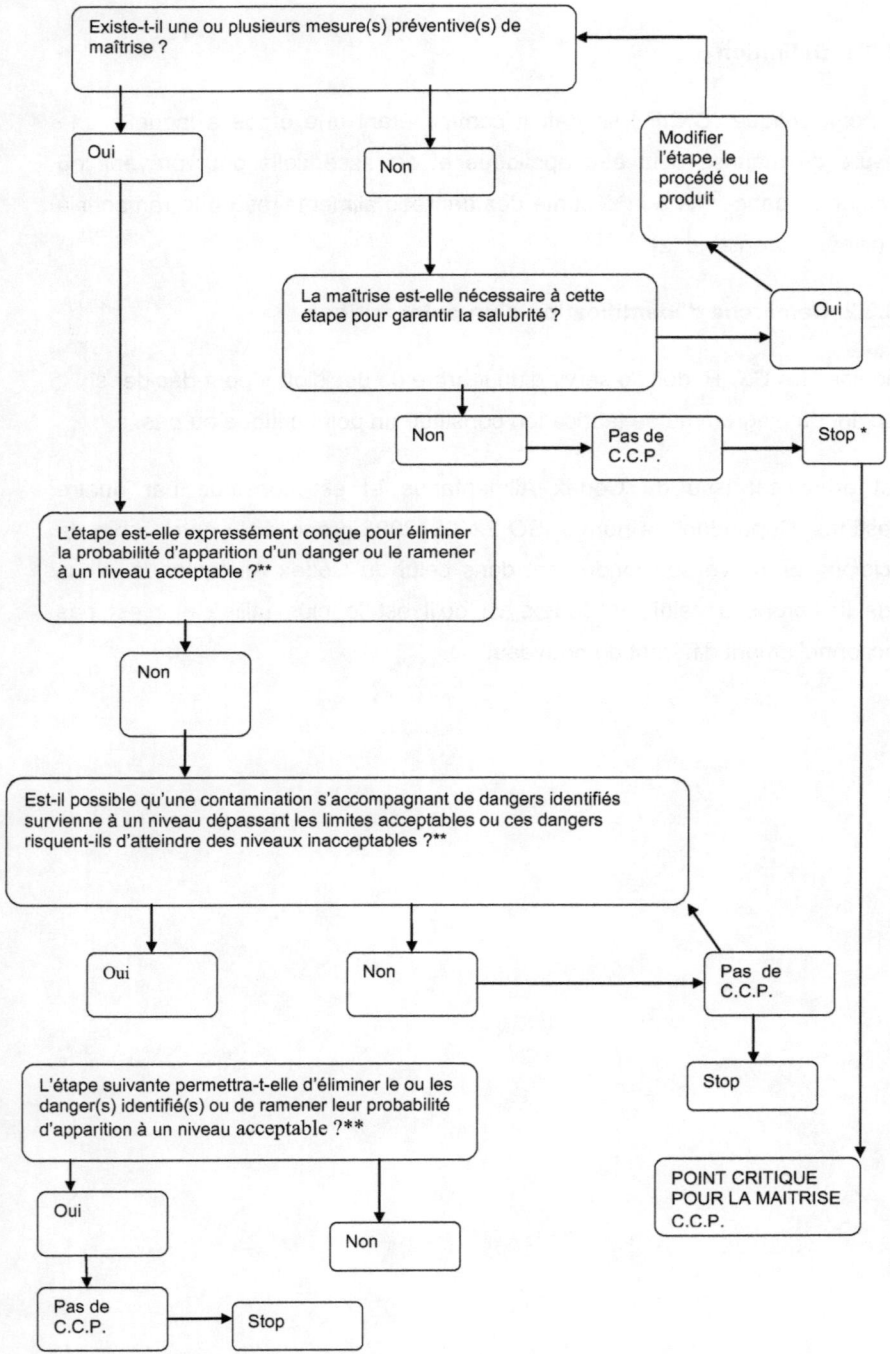

Existe-t-il une ou plusieurs mesure(s) préventive(s) de maîtrise ?

Oui

Non

Modifier l'étape, le procédé ou le produit

La maîtrise est-elle nécessaire à cette étape pour garantir la salubrité ?

Oui

Non

Pas de C.C.P.

Stop *

L'étape est-elle expressément conçue pour éliminer la probabilité d'apparition d'un danger ou le ramener à un niveau acceptable ?**

Non

Est-il possible qu'une contamination s'accompagnant de dangers identifiés survienne à un niveau dépassant les limites acceptables ou ces dangers risquent-ils d'atteindre des niveaux inacceptables ?**

Oui

Non

Pas de C.C.P.

Stop

L'étape suivante permettra-t-elle d'éliminer le ou les danger(s) identifié(s) ou de ramener leur probabilité d'apparition à un niveau acceptable ?**

Oui

Non

Pas de C.C.P.

Stop

POINT CRITIQUE POUR LA MAITRISE C.C.P.

*: Passer au prochain danger identifié dans le processus décrit

** : Il est nécessaire de définir les niveaux acceptables et inacceptables en tenant compte des objectifs généraux lors de la détermination des C.C.P dans le plan HACCP

Figure 3 : Exemple d'arbre de décisions.

Source : [8]

L'identification des points critiques vise à s'assurer que les mesures de maîtrise appropriées ont été effectivement connues et mises en place. A chaque point critique correspondant à un danger il existe un seuil de tolérance à ne pas dépasser pour les paramètres de maîtrise de ces dangers : il s'agit des limites critiques.

5.3.3. Troisième principe : Fixation des seuils critiques pour chaque C.C.P.

Les limites critiques correspondent aux valeurs extrêmes acceptables au regard de la sécurité du produit. Des limites critiques doivent être déterminées pour la surveillance établie pour chaque C.C.P. [2]. Les limites critiques doivent être mesurables et les raisons de leur choix doivent être documentées.

Dans les industries de transformation des produits de la pêche, les paramètres faisant l'objet de limites critiques sont, à titre d'exemple, la température des chambres froides, la température des salles de traitement, la température du produit à chaque étape du procédé, la teneur en chlore de l'eau de trempage et de lavage de poissons, etc.

Les seuils critiques représentent les valeurs en fonction desquelles un produit sera accepté ou rejeté. Ils sont fixés en référence aux exigences légales, clients ou internes.

Pour définir efficacement les seuils critiques ou paramètres à surveiller en référence aux C.C.P., il faut déterminer de façon systématique [8] :

- ❖ l'unité de mesure (pH, °C, min, etc.) ;
- ❖ la cible (ou valeur normale recherchée) ;
- ❖ les limites et tolérance.

Afin de respecter les limites critiques pour les différents C.C.P., l'équipe H.A.C.C.P. doit mettre en place un système de contrôle et de surveillance approprié.

5.3.4 Quatrième principe : Mise en place d'un système de surveillance pour chaque C.C.P.

Chaque point critique mérite d'être suivi, surveillé et contrôlé. Ceci veut dire que pour chaque C.C.P., un système de surveillance doit être établi visant à démontrer que ce C.C.P. est maîtrisé [2]. Cette surveillance est accompagnée d'un contrôle et se fait au moyen de mesures ou d'observations qui peuvent être continues ou discontinues. Dans le premier cas nous avons par exemple le thermographe enregistrant la température de la chambre d'entreposage et dans le second la mesure de la teneur chlore de l'eau de lavage des filets de poissons.

Le protocole de surveillance et de contrôle doit définir la fréquence des mesures, le plan d'échantillonnage, le responsable de la surveillance ou du contrôle, la technique utilisée ainsi que les critères de décision qui concernent les limites critiques.

Ce système de surveillance permet de débusquer des écarts aux limites critiques en cas de défaillance de maîtrise d'un C.C.P., et des actions correctives s'en suivent.

5.3.4. Cinquième Principe : Prévision des mesures correctives

Une action corrective se définit comme étant une action visant à supprimer une non-conformité détectée. Lorsque le système de surveillance révèle une déviation indiquant l'absence ou la perte de maîtrise d'un point critique, les mesures correctives sont immédiatement prises. Ces mesures sont préétablies dans l'étude H.A.C.C.P. Le plan d'actions correctives doit être contenu dans le manuel H.A.C.C.P. et doit indiquer les responsables de l'exécution des mesures en question, lesquelles doivent garantir que le C.C.P. a été maîtrisé. Elles doivent également prévoir le devenir du produit en cause. D'après la norme ISO 22000 :2005 [2], après avoir été évalué, si le lot de produits n'atteint pas un niveau acceptable pour être libéré, celui-ci doit être soumis à une des activités suivantes :

❖ une nouvelle transformation ou une transformation ultérieure à l'intérieur ou à l'extérieur de l'organisme en vue de garantir l'élimination ou la réduction à des niveaux acceptables du danger lié à la sécurité des denrées alimentaires ;

❖ la destruction et /ou l'élimination sous forme de déchet.

En ce qui concerne les industries de transformation des produits halieutiques, lorsqu'un lot de produits est altéré on procède à un rejet ou triage. En conserverie, on procède à une restérilisation des boîtes en cas de stérilisation incomplète ou de mauvaise application du barème de stérilisation.

5.3.5 Sixième Principe : Instauration des procédures de vérification

La mise en place d'un système H.A.C.C.P. doit s'accompagner d'un programme de contrôle interne (auto-contrôle) ou faisant appel à une expertise extérieure.

Dans ce dernier cas l'organisme fait appel aux auditeurs spécialisés. On procède alors à la mise en place des procédures de vérification afin de s'assurer si tout marche normalement.

Cette vérification repose sur les modalités suivantes [8] :

- ❖ audits d'hygiène ;
- ❖ audits internes de la maîtrise des C.C.P. et de l'application des bonnes pratiques de fabrication ;
- ❖ audits clients et /ou certifications ;
- ❖ analyses microbiologiques ou chimiques des produits, des surfaces et/ou de l'air selon un plan préétabli.

La vérification trouve son importance dans le fait qu'il ne suffit pas de mettre en place le système H.A.C.C.P., voir que tout marche et s'arrêter là. La vérification doit se faire régulièrement car le système H.A.C.C.P. est toujours sujet aux modifications. Ces modifications ont lieu à chaque fois qu'il y a un changement par rapport à la situation de la première étude H.A.C.C.P., aussi insignifiant soit il. Ces changements concernent par exemple les matières premières ou la formulation du produit fini, l'équipement et le matériel, les conditions d'utilisation par le consommateur, le changement de normes ou l'apparition de nouvelles informations scientifiques concernant le statut microbiologique du type de produit considéré.

Les vérifications effectuées, il convient de bien garder les traces de toutes les activités menées en rapport avec le fonctionnement du système H.A.C.C.P.

5.3.5. Septième principe : Constitution des dossiers et tenue des registres

Cette partie permet d'apporter la preuve que les produits satisfont aux exigences relatives à la qualité. Par conséquent, toute activité qui s'inscrit dans le cadre du système de management de la qualité doit être enregistrée et archivée.

Les dossiers concernent par exemple l'analyse des dangers, la détermination des C.C.P. et des seuils critiques.

Il faut également tenir des registres des activités de surveillance des C.C.P., des écarts et mesures correctives associées, les exécutions des procédures de vérification et des modifications apportées au plan H.A.C.C.P. ainsi que les comptes rendus de toutes les réunions de l'équipe H.A.C.C.P.

La constitution des dossiers et registres conduit à la traçabilité des produits issus de l'organisme. Ainsi, pour chaque lot de produits où qu'il soit, il est facile de remonter la filière et trouver l'histoire du produit : date de fabrication, moyens et méthodes utilisées, l'équipe responsable, etc. Pour les produits halieutiques la traçabilité va jusqu'à l'identification du mareyeur et de la zone de pêche. A l'aide des analyses, on peut situer les responsabilités et prendre des mesures appropriées.

La réalité du terrain est telle que le système H.A.C.C.P. peut être mis en œuvre avec un scrupuleux respect des principes et étapes, mais des imperfections sont susceptibles d'être observées.

6. Les non-conformités dans l'application du système H.A.C.C.P.

6.1. Définition

Une non-conformité est une non-satisfaction d'une exigence (6).Il s'agit d'un manquement à l'égard de ce qui est recommandé. Le système H.A.C.C.P. n'étant pas une norme, chaque référentiel ou norme le définit à sa manière, à condition de se baser sur ses principes et étapes. La norme ISO 22000 : 2005 ayant été mise sur pied en vue d'harmoniser tous les référentiels, elle présente ce qui doit être fait pour réussir la mise en œuvre du système H.A.C.C.P. dans un système de management de la qualité adéquat.
Les entreprises de transformation des produits halieutiques étant engagées dans l'application du H.A.C.C.P., des non-conformités peuvent survenir. Ces dernières sont de trois catégories.

6.2. Classification

6.2.1. Non-conformité critique

C'est une identification d'une menace sérieuse ou imminente pour la santé des consommateurs, ou d'une infraction aux exigences légales [8]. A titre d'exemple, nous avons le dépassement d'une limite de tolérance légale sans réaction de la part de l'entreprise, la libération d'un produit non-conforme, détecteur de métal hors service, etc. Plus précisément, en ce qui concerne les produits halieutiques, nous avons le dépassement du taux d'histamine, la présence des métaux lourds à des taux supérieures à la norme, la libération des produits contaminés secondairement avec des charges bactériennes hors normes, etc.

6.2.2. Non-conformité majeure

C'est une absence ou application inefficiente d'un ou plusieurs éléments requis du système, ou situation qui, en fonction d'une évaluation objective, risquerait d'affecter la sécurité des denrées alimentaires [8]. C'est le cas d'une étude H.A.C.C.P. effectuée par le responsable qualité seul, sans formation ni méthode spécifique, aucune évaluation des dangers dans l'étude H.A.C.C.P. , et un système H.A.C.C.P. visiblement copié et non spécifique. C'est également le cas de l'absence de rappel des produits et/ou de tests de celui-ci, de l'absence des spécifications et/ou de système d'évaluation des fournisseurs, etc.

6.2.3. Non-conformité mineure

C'est une application partielle d'un ou plusieurs éléments requis du système, sans impact potentiel sur la sécurité des denrées alimentaires [8]. Par exemple nous avons un retard dans le programme d'audits internes, les procédures pas à jour, mais enregistrements prouvant que les tests sont effectués, une étude H.A.C.C.P. non révisée depuis deux ans mais sans changement dans le couple produit/procédé survenu dans l'intervalle, etc.

6.3. Inconvénients liés aux non-conformités

Les non-conformités ne sont pas souhaitables, étant donné qu'elles sont des manquements aux exigences. Elles sont sources d'inconvénients variés pouvant déboucher sur des effets néfastes chez le consommateur. Au-delà de cette contrainte sanitaire, les non-conformités peuvent causer des retraits d'agréments et servir d'obstacles à la certification. Ceci s'accompagne d'une cessation d'activités qui rime avec des pertes économiques élevées surtout pour les produits halieutiques qui constituent une source de devises pour le Sénégal.

6.4. Non-conformités dans l'application du système H.A.C.C.P. au Sénégal et à travers le monde

Le système H.A.C.C.P est propre à chaque entreprise. Son application dépend donc de la maîtrise parfaite de son fonctionnement. Certains de ces aspects sont appliqués correctement et d'autres le sont moins. Il en résulte des non-conformités pouvant même toucher le produit [8].

Les non-conformités du produit sont souvent issues des défaillances dans les pré-requis ou dans le système H.A.C.C.P. lui-même [7]. Il existe ainsi une forte corrélation entre les non-conformités du produit et celles du système.

Toutes les normes de systèmes de management de la sécurité alimentaire étant basées au moins sur les sept principes H.A.C.C.P. , des non-conformités sont susceptibles d'être observées par rapport aux exigences touchant le système H.A.C.C.P. et leur application [8].

Les études réalisées par BLANC [8], sous forme d'audits de certification de plusieurs entreprises agroalimentaires montrent un certain nombre de non-conformités relatives aux applications de l' H.A.C.C.P. Celles-ci se concentrent surtout dans les étapes I, VI, VII et XII.

Au Sénégal, les entreprises de transformation des produits de la pêche sont, conformément aux réglementations, engagées dans l'application de l'H.A.C.C.P. Une étude réalisée par NDAO [20], a montré qu'en 1999, soit trois ans après l'agrément du Sénégal pour l'exportation vers l'Union Européenne, le système H.A.C.C.P. était moyennement appliqué dans les entreprises de transformation des produits halieutiques. Seules les grandes unités avaient des documents qualité complets et avaient recruté des responsables qualité. L'étape IX du système H.A.C.C.P. relative au système de contrôle et de surveillance était l'aspect le moins maîtrisé avec une absence de formalisation de la surveillance et du contrôle. Les petites unités étaient encore à un niveau faible car même les responsables qualité n'étaient pas recrutés.

C'est pourquoi, huit ans après, nous avons jugé utile de voir l'évolution de l'application du système H.A.C.C.P. dans les usines halieutiques sénégalaises, en se consacrant aux non-conformités. Pour cela, nous avons mené des enquêtes à l'issue desquelles nous avons émis des recommandations.

DEUXIEME PARTIE : ENQUETES ET RECOMMANDATIONS

CHAPITRE I : MATERIEL ET METHODES

1. Cadre et période de l'étude

Pour mener notre étude sur les non-conformités couramment rencontrées dans les industries halieutiques au Sénégal, nous avons visité 10 unités. Ce travail s'est déroulé dans la période allant du 23 Mars 2007 au 10 Juin 2007.

Nous avons choisi dix entreprises, en tenant compte de la classification basée sur les types de produits. Le choix a concerné des entreprises non certifiées ISO, agréées pour l'exportation des produits halieutiques vers l'Union Européenne, et qui ont une certaine expérience dans l'application du système H.A.C.C.P.

Ce choix est justifié par le fait que des unités non certifiées sont censées présenter quelques non-conformités, qui pourraient être corrigées grâce à ce travail. Nous avons ainsi visité :

- ❖ deux entreprises exportatrices de produits congelés : AFRICAMER et DRAGON DE MER PRODUCTION ;
- ❖ trois entreprises exportatrices de produits frais : FISH EXPORT, DELPHINUS et S.A.C.E.P. ;
- ❖ deux entreprises exportatrices de produits frais et congelés : PIROGUE BLEUE, DAKAR ICE ;
- ❖ une usine exportatrice des produits frais et langoustes vivantes : GRANDS VIVIERS DE DAKAR ;
- ❖ deux unités d'armements, exportatrices de produits congelés : Armement SOPASEN et Armement NEAU.

Il ressort de cet échantillonnage que toutes les catégories d'entreprises ont été représentées, exception faite des conserveries car durant la période de notre travail de terrain, toutes les conserveries étaient en suspension d'activités.

2. Matériel

Nous avons réalisé ce travail à l'aide d'un formulaire d'enquête qui comprend des questions et des observations (Annexe 1). Tous les aspects de chaque étape du système H.A.C.C.P. ont été étudiés.

A côté de ce formulaire d'enquête qui constitue notre principal outil de travail, nous avons utilisé du matériel accessoire tel que le téléphone portable pour la prise de rendez-vous et les moyens de transports publics (bus et taxi) pour les déplacements vers les lieux de l'enquête.

3. Méthodes

Les réponses au formulaire d'enquête ont nécessité des entretiens avec les responsables qualité et la consultation de leurs documents qualité. L'accès aux entreprises de transformation des produits de la pêche a été permis par la collaboration entre notre directeur de thèse et le chef de la division des inspections et du contrôle du ministère de l'économie maritime et des transports maritimes internationaux. C'est grâce à l'appui de l'autorité compétente que notre travail a été effectué.

Pour mieux appréhender tous les aspects du système H.A.C.C.P. dans ces entreprises, nous avons effectué des séjours d'une durée allant de 2 à 3 jours, dans chacune des entreprises. Notre travail consistait d'abord à se consacrer aux documents qualité afin d'avoir une image globale de l'entreprise, et par la suite nous faisions des descentes au niveau des lignes de production.

Notre questionnaire était conçu de façon à détecter facilement des non-conformités. Pour chaque question posée, les réponses possibles étaient « oui » ou « non ». Au cas où la réponse était « non », cela renvoyait à une non-conformité, qui était après , évaluée en « critique », « majeure » ou « mineure » selon la classification normalisée.

Autrement dit, la réponse « oui » était affectée à un aspect du système H.A.C.C.P. parfaitement maîtrisé, contrairement à la réponse « non ».

Les questions étaient groupées en fonction des différentes étapes du système H.A.C.C.P. La réponse « oui » n'était attribuée que si l'aspect considéré est parfaitement appliqué pour tous les produits ou procédés de l'entreprise. Dans le cas contraire, la réponse était « non ».

Chaque constat de non-conformité était suivi d'une note explicative dans la partie du formulaire d'enquête prévue pour les observations. La classification des non-conformités a été faite de façon minutieuse afin de bien évaluer les risques encourus par les consommateurs.

La consultation des documents qualité et les visites au niveau des lignes de production étaient suivies par des entretiens avec des responsables qualité, à l'issue desquelles le formulaire était rempli.

Ainsi, nous avons pu obtenir des résultats concernant les non-conformités dans l'application du système H.A.C.C.P. dans les usines visitées.

CHAPITRE II : RESULTATS

Les résultats obtenus sont consignés dans les tableaux suivants :

Tableau III : Répartition des réponses concernant l'équipe H.A.C.C.P. et la portée de l'étude

Etape 1. Equipe HACCP et Portée de l'étude					
Question	Réponse		Non-conformité		
	Oui	Non	Critique	Majeure	Mineure
L'équipe H.A.C.C.P. est-elle constituée ?	10/10	0/10	0/10	0/10	0/10
Les membres de l'équipe HACCP ont-ils des rôles clarifiés ?	5/10	5/10	0/10	5/10	0/10
L'étude HACCP a –t- elle été actualisée par l'ensemble de l'équipe H.A.C.C.P. ?	1/10	9/10	0/10	9/10	0/10
L'étude HACCP est-elle complète ?	6/10	4/10	0/10	4/10	0/10
L'étude HACCP débouche t-elle sur des CCP pour des dangers physiques dont le constat est justifié ?	10/10	0/10	0/10	0/10	0/10
La portée de l'analyse HACCP couvre t-elle de manière efficace tous les couples Produits/Procédés ?	7/10	3/10	0/10	3/10	0/10

Le tableau ci-dessus montre que l'équipe H.A.C.C.P. existe dans la totalité des unités visitées, mais que la portée de son étude n'est pas complète.

Tableau IV : Répartition des réponses concernant la description du produit et utilisation attendue

Etapes II et III. Description du produit et utilisation attendue.					
Question	Réponse		Non-conformité		
	Oui	Non	Critique	Majeure	Mineure
Les spécifications sont-elles complètes? (Conditionnement, DLUO, DLV)	6/10	4/10	0/10	4/10	0/10
L'utilisation attendue du produit est elle spécifiée ?	8/10	2/10	2/10	0/10	0/10

La description du produit et son utilisation attendue n'est pas faite comme il faut, au niveau des entreprises. Ceci débouche même sur des non-conformités critiques, tel qu'il est stipulé dans le tableau IV.

Tableau V : Répartition des réponses concernant le diagramme de fabrication

Etapes IV et V. Diagramme de fabrication : Construction et confirmation sur site					
Question	Réponse		Non-conformité		
	Oui	Non	Critique	Majeure	Mineure
Les diagrammes de fabrication mentionnent –ils le traitement des produits frais incorporés ?	0/0	0/0	0/0	0/0	0/0
Les diagrammes de fabrication sont-ils complets ?	10/10	0/10	0/10	0/10	0/10
Les processus externalisés (tranchage/conditionnement) font-ils partie du diagramme de fabrication ?	10/10	0/10	0/10	0/10	0/10
Le diagramme est-il complété par le plan des installations ?	4/10	6/10	0/10	4/10	0/10
Le plan des installations indique-t-il la disposition des équipements, les mouvements des produits, du personnel ainsi que la séquence des opérations avec temps et températures ?	2/10	8/10	0/10	8/10	0/10
Le diagramme de fabrication construit correspond-il à la réalité ?	8/10	2/10	2/10	0/10	0/10

Dans toutes les entreprises visitées, aucune entreprise n'incorpore des produits frais dans les produits halieutiques. Toutes les entreprises ont des diagrammes de fabrication complets, mais pas toujours complétés par les plans des installations. Certaines entreprises ont des diagrammes de fabrications qui diffèrent de la réalité au niveau des lignes de production (Tableau V).

Tableau VI : Répartition des réponses sur l' identification des dangers

Etape VI a). Identification des dangers.					
Question	Réponse		Non-conformité		
	Oui	Non	Critique	Majeure	Mineure
Dans les tableaux d'analyse des dangers microbiologiques, y a-t-il une distinction entre contamination, développement et survie ?	3/10	7/10	0/10	7/10	0/10
Les dangers microbiologiques sont-ils évoqués de façon spécifique ?	3/10	7/10	0 /10	7/10	0/10
Les valeurs microbiologiques de l'eau de source communale sont elles connues ?	10/10	0/10	0/10	0/10	0/10

L'identification des dangers est faite dans la globalité des unités visitées, mais est incomplète. La distinction entre développement, contamination et survie n'est pas faite par toutes les entreprises, et les dangers microbiens en question ne sont pas connus avec précision (Tableau VI).

Tableau VII : Répartition sur l'analyse des dangers

Etape VI.b). Analyse des dangers.					
Question	Réponse		Non-conformité		
	Oui	Non	Critique	Majeure	Mineure
Les notions de probabilité et de gravité sont-elles définies ?	2/10	8/10	0/10	8/10	0/10
Les notions de gravité et de probabilité ont-elles été prises en compte dans l'analyse des dangers ?	2/10	8/10	0/10	8/10	0/10
L'évaluation des dangers est-elle faite ?	2/10	8/10	0/10	8/10	0/10
Le résultat de l'évaluation des dangers précise –t-il le niveau du danger ? (acceptable, sérieux ou inacceptable)	2/10	8/10	0/10	8/10	0/10
Le tableau d'évaluation des dangers est-il repris dans l'étude ?	2/10	8/10	0/10	8/10	0/10
Les dangers chimiques sont-ils clairement identifiés tels qu'ils sont signalés sur certaines procédures ?	7/10	3/10	0/10	3/10	0/10

L'analyse des dangers est faite moyennement. Les notions de gravité et de probabilité ne sont pas bien connues et par conséquent la plupart des entreprises ont tendance à mettre au même pied d'égalité tous les dangers (Tableau VII).

Tableau VIII : Répartition des réponses sur les mesures de maîtrise

Etape VI.c). Mesures de Maîtrise					
Question	Réponse		Non-conformité		
	Oui	Non	Critique	Majeure	Mineure
Les mesures de maîtrise sont-elles spécifiées devant les dangers sérieux ou inacceptables ?	10/10	0/10	0/10	0/10	0/10
Les documents de maîtrise liés aux mesures préventives sont-ils identifiés dans l'analyse des dangers ?	7/10	3/10	0/10	0/10	3/10

Les mesures de maîtrise sont identifiées et connues dans la quasi-totalité des unités visitées, mais les documents de maîtrise liés aux mesures préventives ne sont pas toujours identifiés dans l'analyse des dangers.

Tableau IX : Répartition des réponses sur l'identification des C.C.P.

Etape VII. Les CCP.					
Question	Réponse		Non-conformité		
	Oui	Non	Critique	Majeure	Mineure
Toutes les étapes considérées comme des CCP le sont-ils réellement ?	10/10	0/10	0/10	0/10	0/10
Les résultats de l'arbre de décision sont-ils précisés pour les étapes précédant l'emballage ?	10/10	0/10	0/10	0/10	0/10
L'étude HACCP mentionne-elle l'arbre de décision utilisé pour la détermination des CCP ?	1/10	9/10	0/10	0/10	9/10
L'étape propre au détecteur des métaux est-il un CCP ?	1/10	9/10	0/10	0/10	9/10
Les tableaux d'analyse des dangers et les tableaux d'identification des CCP sont ils distincts ?	2/10	8/10	0/10	0/10	2/10

Les points critiques sont bien identifiés dans chaque usine. Cependant, la quasi-totalité des industries ne mentionne pas l'arbre de décisions ayant conduit à leur identification, et les tableaux d'analyse des C.C.P. ne sont pas distincts de ceux de l'analyse des dangers (Tableau IX).

Tableau X: Répartition des réponses en rapport avec les limites critiques

Etape VIII. .Seuils critiques.					
Question	Réponse		Non-conformité		
	Oui	Non	Critique	Majeure	Mineure
Les limites critiques sont-elles définies pour le CCP « température à cœur du produit » ?	2/10	8/10	0/10	0/10	8/10
La limite d'interruption de la chaîne du froid dans les congélateurs est elle bien définie ?	10/10	0/10	0/10	0/10	0/10
Dans le tableau de surveillance des CCP, les seuils ou tolérances à respecter pour chaque paramètre à surveiller sont-ils définis ?	10/10	0/10	0/10	0/10	0/10

Excepté la température à cœur des produits lors de la réception de la matière première, les seuils critiques sont bien définis et connus (Tableau X).

Tableau XI : Répartition des réponses sur les systèmes de surveillance

Etape IX.HACCP Système de surveillance					
Question	*Réponse*		*Non-conformité*		
	Oui	*Non*	*Critique*	*Majeure*	*Mineure*
Le système de surveillance applicable pour les CCP est-il connu des opérateurs concernés ?	*10/10*	*0/10*	*0/10*	*0/10*	*0/10*
Les responsabilités d'exécution et de décision sont-elles définies dans le plan de surveillance des CCP ?	*4/10*	*6/10*	*0/10*	*0/10*	*6/10*
Le système de surveillance mis en place lors de la réception des matières premières est-il toujours appliqué?	*10/10*	*0/10*	*0/10*	*0/10*	*0/10*

Les systèmes de surveillance sont en place dans toutes les usines visitées, mais les responsabilités dans la prise de décisions ne sont pas clarifiées dans certaines entreprises (Tableau XI).

58

Tableau XII : Répartition des réponses sur les actions correctives

Etape X. HACCP Actions Correctives.					
Question	Réponse		Non-conformité		
	Oui	Non	Critique	Majeure	Mineure
Existe-t-il d'autres actions correctives qui ne sont pas issues des plaintes clients ?	10/10	0/10	0/10	0/10	0/10
La personne responsable de l'exécution du plan d'actions correctives est-elle bien identifiée ?	3/10	7/10	0/10	7/10	0/10

Les actions correctives sont bien mises en œuvre, mais, comme dans le cas précédent, les responsabilités pour leur mise en œuvre ne sont pas définies dans la plupart des entreprises (Tableau XII).

Tableau XIII: Répartition des réponses sur les vérifications

Etape XI. HACCP Vérification					
Question	Réponse		Non-conformité		
	Oui	Non	Critique	Majeure	Mineure
Y a-t-il une procédure de validation et de vérification de l'efficacité du système HACCP ?	0/10	10/10	0/10	0/10	10/10
La vérification est-elle planifiée pour une exécution régulière ?	7/10	3/3C	0/10	3/10	0/10

Aucune entreprise ne dispose d'une procédure de validation et de vérification de l'efficacité du système H.A.C.C.P. Néanmoins, la majorité d'entreprises ont une planification des vérifications (Tableau XIII).

Tableau XIV : Répartition des réponses sur l'établissement d'un système documentaire

	Etape XII. HACCP -Documentation				
Question	Réponse		Non-conformité		
	Oui	Non	Critique	Majeure.	Mineure
Les modalités de conservation des enregistrements sont-elles définies ?	10/10	0/10	0/10	0/10	0/10
Les enregistrements des systèmes de surveillance des CCP sont-elles définies ?	10/10	0/10	0/10	0/10	0/10
Les procédures et enregistrements sont elles présentes à toutes les étapes ?	6 /10	4/10	0/10	4/10	0/10
Toutes les procédures sont-elles complètes ?	5/10	5/10	0/10	5/10	0/10
Le Plan HACCP fait-elle référence à la législation applicable aux produits de la pêche ?	9/10	1/10	0/10	1/10	0/10
Le système HACCP est-il actualisé d'une manière générale ?	9/10	1/10	0/10	1/10	0/10
L'analyse HACCP est-elle actualisée au moins chaque 10 ans ?	10/10	0/10	0/10	0/10	0/10
Les documents périmés sont-ils retirés de la circulation ?	8/10	2/10	0/10	2/10	0/10
Les études HACCP sont-elles revues à une fréquence régulière ?	7/10	3/10	0/10	3/10	0/10

Le système documentaire est convenablement mis en place, même si certains points tels que la mise à jour des études H.A.C.C.P. présentent des lacunes dans certaines unités. Il en est de même pour la tenue de procédures complètes (Tableau XIV).

Tableau XV: Synthèse des réponses obtenues

Etape du système H.A.C.C.P.	Réponses		Non-conformités		
	Oui	Non	Critiques	Majeures	Mineures
Etape I : Constitution d'une équipe pluridisciplinaire	39/60	21/60	0/60	21/60	0/60
Etape II : Description du produit	6/10	4/10	0/10	4/10	0/10
Etape III : Identification de l'utilisation attendue	8/10	2/10	2/10	0/10	0/10
Etape IV : Construction du diagramme de fabrication	26/40	14/40	0/40	14/40	0/40
Etape V : Confirmation sur site du diagramme de fabrication	8/10	2/10	2 /10	0/10	0/10
Etape VI : Analyse des dangers, identification des mesures préventives pour maîtriser les dangers	50/110	60/110	0/110	57/110	3/110
Etape VII : Détermination des points critiques à maîtriser	24/50	26/50	0/50	0/50	26/50
Etape VIII : Fixation des seuils critiques pour chaque C.C.P.	22 /30	8/30	0/30	0/30	8/30
Etape I X : Mise en place d'un système de surveillance pour chaque C.C.P.	24/30	6/30	0/30	0/30	6/30
Etape X : Prévision des mesures correctives	13/20	7/20	0/20	7/20	0/20
Etape XI : Instauration des procédures de vérification	7/20	13/20	0/20	3/20	10/20
Etape XII : Constitution des dossiers et tenue des registres	74/90	16/90	0/90	16/90	0/90

Les réponses sont réparties en fonction de chaque étape et selon leur nature (Tableau XV). En faisant une synthèse de toutes les réponses obtenues sous forme de pourcentages, on recueille 62,7% de conformités contre 37,287% de non-conformités (Tableau XVI) ; dont 0,832% qui sont critiques, 25,415 qui sont majeures et 11,04% qui sont mineures (Figure 5).

Les répartitions des réponses négatives et non-conformités varient en fonction des différentes étapes (Figures 4 et 6), et les entreprises ne présentent pas toutes les mêmes taux de non-conformités (Figure 7).

Tableau XVI : Pourcentages des réponses obtenues

Etape du système H.A.C.C.P.	Réponses (%)		Non-conformités (%)		
	Oui	Non	Critiques	Majeures	Mineures
Etape I : Constitution d'une équipe pluridisciplinaire	8,125	4,375	0	4,375	0
Etape II : Description du produit	1,250	0,833	0	0,833	0
Etape III : Identification de l'utilisation attendue	1,666	0,416	0,416	0	0
Etape IV : Construction du diagramme de fabrication	5,416	2,916	0	2,916	0
Etape V : Confirmation sur site du diagramme de fabrication	1,666	0,416	0,416	0	0
Etape VI : Analyse des dangers, identification des mesures préventives pour maîtriser les dangers	10,416	12,50	0	11,875	0,625
Etape VII : Détermination des points critiques à maîtriser	5	5,416	0	0	5,416
Etape VIII : Fixation des seuils critiques pour chaque C.C.P.	4,583	1,66	0	0	1,666
Etape I X : Mise en place d'un système de surveillance pour chaque C.C.P.	5	1,25	0	0	1,25
Etape X : Prévision des mesures correctives	2,708	1,458	0	1,458	0
Etape XI : Instauration des procédures de vérification	1,458	2,708	0	0,625	2,083
Etape XII : Constitution des dossiers et tenue des registres	15,416	3,33	0	3,333	0
TOTAL	62,704	37,287	0,832	25,415	11,040

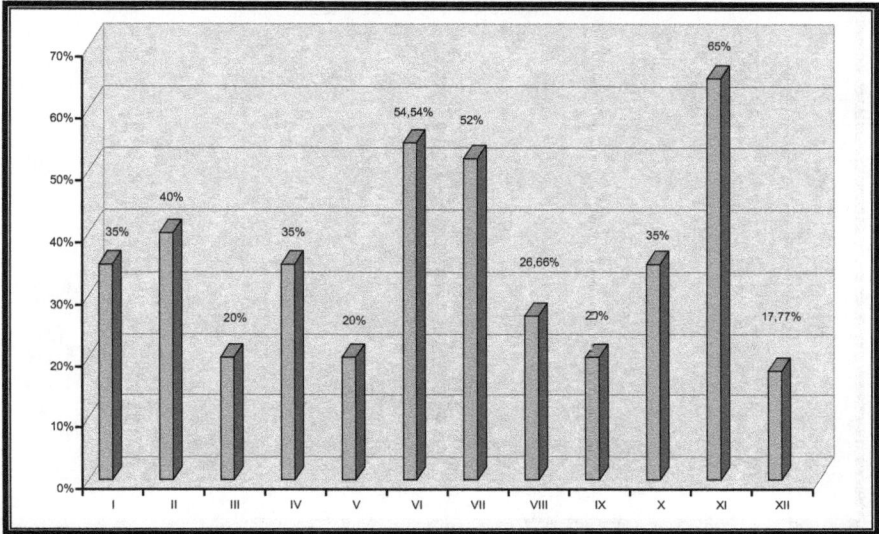

Figure 4 : Répartition des réponses négatives en fonction des différentes étapes

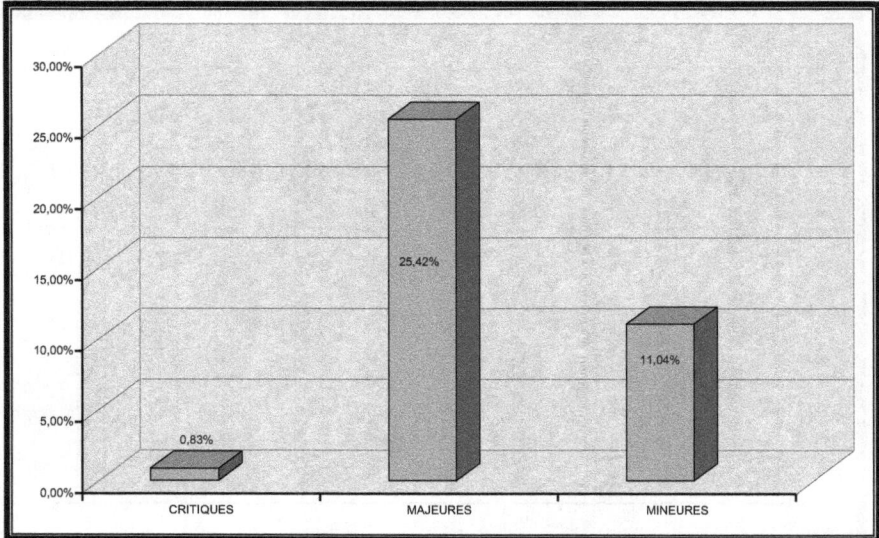

Figure 5 : Proportions des non-conformités

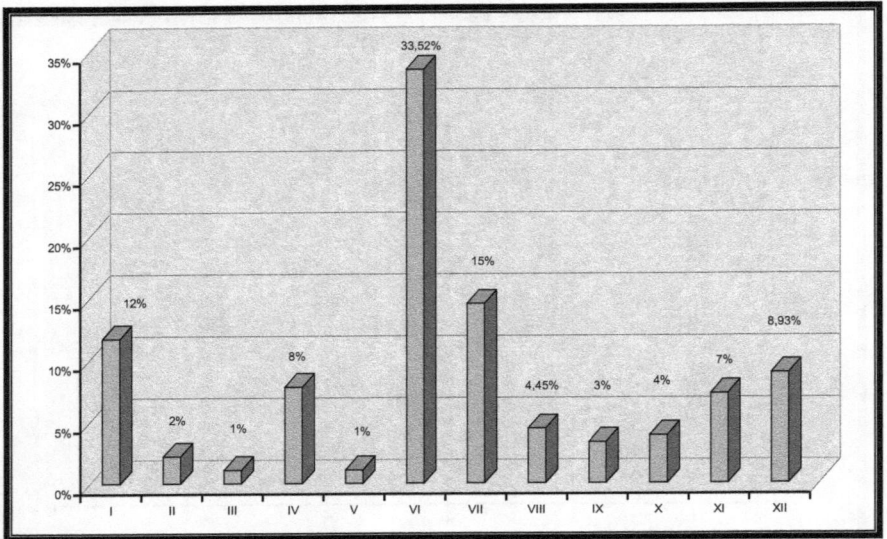

Figure 6 : Répartition des non-conformités dans les différentes étapes

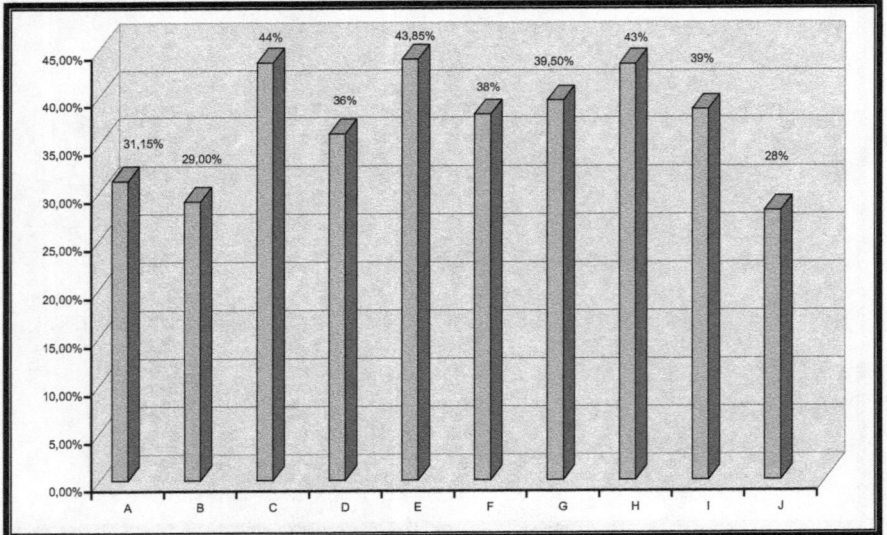

Figure 7 : Taux de non-conformités en fonction des entreprises

CHAPITRE IV : DISCUSSION

Les résultats obtenus à l'issue de notre travail montrent que le système H.A.C.C.P. dans les industries halieutiques au Sénégal est appliqué avec une relative réussite, matérialisée par 37,287% de non-conformités rencontrées. Celles-ci se repartissent à travers les différentes étapes du H.A.C.C.P., avec une maîtrise convenable pour certaines et des défaillances notoires pour les autres. Il convient de passer en revue toutes les étapes pour mieux comprendre ces non-conformités, dégager leurs causes afin de pouvoir ultérieurement proposer des actions correctives. Pour chaque étape, nous présentons d'abord le pourcentage de celui-ci compris dans les 37,287% de non-conformités, avant de donner son pourcentage par rapport à l'ensemble des non-conformités. C'est ce dernier qui est utilisé dans les comparaisons que nous avons pu faire.

1. Etape I : Constitution d'une équipe pluridisciplinaire

La première étape du système H.A.C.C.P. présente 4,375% de non conformités, ce qui équivaut à une part de 11,73% en considérant l'ensemble des non-conformités rencontrées. Nous avons obtenu 35% de réponses négatives au niveau de cette étape. Toutes les non-conformités liées à cette étape sont évaluées en majeures conformément aux définitions.

Bien que l'équipe H.A.C.C.P. soit constituée dans la totalité des unités visitées, des écarts subsistent quant à son fonctionnement et ses attributions. En effet, seule la moitié des entreprises clarifie les rôles des membres de l'équipe H.A.C.C.P. et seulement une unité adhère à l'actualisation collective de l'étude H.A.C.C.P. Six entreprises ne font pas complètement l'étude H.A.C.C.P. Ceci se remarque au niveau du manuel qualité avec des produits qui ne sont pas mentionnés. Il en est de même pour des études H.A.C.C.P. bâclées, les rédacteurs du manuel se limitant à détailler un seul produit et à citer les autres.

65

Or, ceci est en écart avec les prescriptions réglementaires qui exigent que l'étude H.A.C.C.P. doit couvrir de manière efficace tous les procédés et produits [8]).

Cependant, il convient de saluer le palier franchi, car cette étape n'avait fourni que 40% de réponses positives en 1999 [20]. A ce moment là, toutes les entreprises ne disposaient pas de l'équipe H.A.C.C.P. et les réunions des équipes n'étaient jamais sanctionnées par des procès verbaux. Dans le même optique, les entreprises halieutiques sénégalaises maîtrisent mieux cette étape que les entreprises candidates à la certification par le B.R.C. Celles-ci ont présenté 19% de non-conformités [8], à cause de l'absence d'équipes H.A.C.C.P. et des portées d'études incomplètes.

2. Etape II : Description du produit

La description du produit occupe 0,833% des non conformités, ce qui correspond à 2,23% de l'ensemble des non-conformités rencontrées. Nous avons eu 40% de réponses négatives. Seulement 6 entreprises font une description détaillée des produits. Quant aux unités restantes, la description n'est pas exhaustive. Les spécifications telles que la date limite de vente (D.L.V.) font défaut. Celle-ci d'ailleurs n'est pas connue avec précision pour les produits frais. On remarque ainsi des variations de D.L.V. pour les mêmes produits.

Néanmoins, cette absence de certaines spécifications dans le manuel H.A.C.C.P. est palliée par l'étiquetage qui décrit le produit selon la réglementation tout en étant obligatoire avant toute expédition. C'est pour cette raison que nous avons classé les non-conformités relatives à cette étape en majeures et non en critiques, ce qui serait le cas en absence d'étiquette.

Ces résultats sont à peu près les mêmes que ceux obtenus par NDAO [20], car les spécifications n'étaient pas mentionnées dans les manuels qualité des entreprises visitées.

Ces résultats se rapprochent également de ceux de BLANC [8] qui a trouvé 3% de non-conformités dans les entreprises candidates à la certification.

3. Etape III : Identification de l'utilisation attendue du produit

Les non-conformités rencontrées à cette étape sont de 0,416% qui correspondent à 1,11% de la totalité des manquements observés. Ceci montre une quasi-parfaite maîtrise de cette étape dans les unités visitées. Les réponses négatives ne sont que de 20%. Cependant, les non-conformités dans la description de l'utilisation attendue du produit sont à classer dans la première catégorie, à savoir celle des non-conformités critiques.

En effet, certains consommateurs ont des régimes alimentaires particuliers et consomment des produits bien connus et spécifiés. Dans le cas des produits halieutiques, les crevettes traitées au bisulfite en vue de prévenir le brunissement enzymatique sont dangereuses pour les personnes asthmatiques. Il existe aussi des poissons vénéneux nécessitant une préparation particulière. C'est pourquoi l'utilisation attendue du produit doit être faite avec rigueur, étant donné que la santé des consommateurs y est fortement liée. De ce fait, aucune non-conformité ne devrait être tolérée.

Par ailleurs, les résultats obtenus par les auditeurs de BLANC [8] sont de 0% de non-conformités à ce niveau de la démarche H.A.C.C.P. Ce qui montre que sous d'autres cieux la perfection a été atteinte contrairement aux entreprises que nous avons visitées. Dans ces dernières, deux n'ont mentionné nulle part dans leurs manuels qualité l'identification de l'utilisation attendue des produits.

4. Etape IV : Construction du diagramme de fabrication

La construction du diagramme de fabrication a présenté 2,916% de non-conformités, soit 7,82% de la totalité des non conformités. Les réponses négatives aux éléments examinés s'élèvent à 35%. Bien que les diagrammes de fabrication soient construits dans toutes les unités visitées, les manquements s'observent en ce qui concerne les plans d'installations. Nous avons remarqué que seulement 4 entreprises ont pris le soin de compléter les diagrammes de flux par les plans des installations. Parmi ces 4 entreprises, seulement 2 ont des plans d'installations complets, indiquant clairement les mouvements du personnel, du matériel et des produits.

Ces résultats sont supérieurs à ceux de BLANC [8] qui n'a trouvé que 3% de non-conformités pour cette étape. Les entreprises ayant fait l'objet de leurs inspections respectent la présence des plans des installations, même si ces derniers ne sont pas toujours complets.

Les non-conformités liées à cette étape sont majeures conformément à la définition.

5. Etape V : Confirmation sur site du diagramme de fabrication

Les non-conformités rencontrées à cette étape sont de 0,416%, ce qui représente 1,11% de la totalité des écarts observés. Les réponses négatives pour cette étape sont de 20%. Ceci montre que les diagrammes de fabrication correspondent à la réalité au niveau des lignes de fabrication dans la quasi-totalité des unités visitées. Les manquements s'observent surtout au niveau des lavages, car dans 2 entreprises il y a des étapes de lavage dans les bacs d'eau chlorée qui ne sont pas mentionnées au niveau des diagrammes de flux.

Ces résultats ne sont pas loin du 0% obtenu par les audits de certification réalisés par les auditeurs dirigés par BLANC [8].

Les non-conformités rencontrées à ce niveau sont critiques car une omission d'une étape sur les lignes de production est dangereuse, étant donné qu'elle conduit à une analyse des dangers biaisée.

Il convient de saluer la vigilance des responsables qualité des unités visitées car les diagrammes de fabrication sont à jour, malgré les restructurations dont ils font souvent l'objet. Ceci est le fruit d'une amélioration car ce n'était pas le cas lors des enquêtes effectuées par NDAO [20].

6. Etape VI : Analyse des dangers, identification des mesures préventives pour maîtriser les dangers

Les non-conformités dans cette étape sont de 12,5%, ce qui équivaut à 33,52% de la totalité des manquements constatés. Avec 54,54% de réponses négatives obtenues, cette étape est remarquablement moins maîtrisée. Elle a d'ailleurs été source d'âpres débats, avec la plupart des responsables qualité tout au long de notre travail.

Les non-conformités ont plusieurs origines. Non seulement cette étape est de nature complexe, mais aussi les dangers sont identifiés en fonction de la philosophie de travail de chaque usine. Nous nous sommes appuyé sur les éléments de la Norme ISO 22000 : 2005, pour faire valoir nos arguments et trancher dans les cas où on était confronté à des divergences avec nos interlocuteurs.

La présence de tant d'écarts vient du fait qu'au départ, même les définitions des termes tels que « danger », « risque », « point critique » et « mesures de maîtrise » ne sont pas connues avec exactitude. Vient ensuite le fait que le système H.A.C.C.P. est à chaque fois propre à chaque entreprise.

Les notions de « gravité » et de « probabilité » ne sont pas interprétées de la même manière, et l'évaluation des dangers n'est pas bien faite. Les dangers microbiens sont dans la plupart des cas, cités de façon générique, sans donner de précision sur la nature des germes incriminés.

Tout cet amalgame de non-conformités rencontrées a été classé en « majeures », car au final les mesures prises permettent d'éradiquer tous les dangers potentiels. Le problème qui se pose est lié à l'expression et aux méthodes de fonctionnement, la qualité du produit n'est pas directement affectée.

Bien que BLANC [20] ait également trouvé que cette étape est la moins maîtrisée, ses résultats s'écartent des nôtres car il a obtenu 22% de non-conformités. Les causes ayant conduit à des non-conformités lors de ses audits sont pratiquement les mêmes que celles que nous avons trouvées.

La situation qui prévaut aujourd'hui montre qu'il y a eu une moyenne évolution depuis 1999, car NDAO [8] a montré que cette étape était très mal comprise, avec des défaillances même dans la connaissance des dangers.

7. Etape VII : Détermination des points critiques à maîtriser

Nous avons obtenu 5,416% de non-conformités pour cette étape, qui correspondent à 14,52% de la totalité des non-conformités rencontrées. A ce niveau nous avons obtenu 52% de réponses négatives.

Les points critiques varient en fonction de chaque entreprise selon son niveau d'application des programmes préalables. Nous avons décelé des défaillances mais de nature bénigne ; d'où leur classification en tant que non-conformités mineures.

Une seule entreprise montre dans son manuel qualité l'arbre de décision permettant d'identifier les C.C.P. L'arbre de décision utilisé doit figurer dans le manuel qualité, les responsables qualité ne devraient pas se limiter à la détermination des C.C.P.

Les autres défaillances proviennent du fait qu'une seule entreprise dispose d'un détecteur de métaux.

Il convient de signaler que celui-ci n'est pas indispensable dans les industries halieutiques au Sénégal car on n'a pas affaire aux dangers physiques de débris de métaux, vue les techniques de pêche utilisées.

Il nous a été rapporté que ce détecteur de métaux n'a été utile qu'une seule fois après plus d'une dizaine d'années de fonctionnement quotidien.

Donc l'absence d'un détecteur de métaux est, dans notre cas, une non-conformité mineure. Seulement deux entreprises possèdent des tableaux d'analyse des dangers distincts de ceux d'identification des C.C.P.

Nos résultats se rapprochent de ceux de BLANC [8], qui sont de 15%. La différence est que dans son cas, plusieurs C.C.P. étaient erronés ou omis. Nous avons en commun l'absence de méthode reproductible pour la détermination des C.C.P.

8. Etape VIII : Fixation des seuils critiques pour chaque C.C.P.

Les non-conformités rencontrées dans la fixation des seuils critiques pour chaque C.C.P. sont de 1,66% qui correspondent à 4,45% de l'ensemble des non-conformités. Les réponses négatives obtenues sont de 26,66%.

Les non-conformités rencontrées résultent essentiellement du fait que la température à cœur du produit au niveau de la réception de la matière première n'est pas définie dans 8 des unités visitées. Ces non-conformités sont de nature mineure, car malgré l'absence de précision concernant la température à cœur des produits, les techniques empiriques utilisées sont efficaces. Elles consistent en l'examen des caractéristiques organoleptiques qui tiennent compte, concomitamment, de la température à cœur.

Quant aux autres aspects en rapport avec les limites critiques, ils sont parfaitement maîtrisés ; ce qui fait que nos résultats soient inférieurs à ceux de BLANC [8] qui a obtenu 7% de non-conformités.

9. Etape IX : Mise en place d'un système de surveillance pour chaque C.C.P.

Nous avons obtenu 1,25% de non-conformités, correspondant à 3,35% de la totalité des écarts rencontrés. Les réponses négatives ont été de 20%. Ces non-conformités résultent uniquement du fait que les responsabilités d'exécution et de décision ne sont pas définies dans le plan de surveillance des C.C.P. Seulement 4 entreprises mentionnent à la fois le nom et la fonction de la personne chargée de prendre les décisions.

Les non-conformités associées à cette étape ont été jugées mineures car bien que les personnes chargées de prendre les décisions ne soient pas identifiées, les systèmes de surveillance sont en place et fonctionnels. Ceci veut dire que le travail est bien fait, mais pas assez clair comme défini dans les documents.

Ces résultats sont légèrement inférieurs aux 4% obtenus par BLANC [8]. Dans son cas, les autres aspects négatifs tels que l'absence de systèmes de surveillance connus de tous les opérateurs concernés ont été observés.

10. Etape X : Prévision des mesures correctives

Les non-conformités rencontrées au niveau de cette étape sont de 1,458% qui correspondent à 3,91% de l'ensemble des manquements observés. Les réponses négatives ont été de 35%.
Les mesures correctives existent dans toutes les entreprises visitées, et ne sont pas uniquement issues des réclamations des clients. Nous nous sommes rendus compte que continuellement, les mesures correctives sont prises à chaque fois qu'un dysfonctionnement est décelé.

Cependant, les personnes ayant la responsabilité de mener le plan d'actions correctives dans leurs attributions ne sont pas clairement définies dans 7 entreprises.

72

Ces personnes doivent être nécessairement identifiées car des défaillances dans l'exécution des actions correctives ont pour conséquence des produits finis dangereux pour les consommateurs. C'est pourquoi les non-conformités liées à cette étape ont été évaluées en majeures.

Nos résultats s'écartent légèrement de ceux obtenus par BLANC [8] qui a obtenu 3%. Les audits réalisés par celui-ci ont décelé les mêmes sources de non-conformité que nous.

11. Etape XI : Instauration des procédures de vérification

Nous avons trouvé 2,708% de non-conformités qui correspondent à 7,26% de toutes les non-conformités rencontrées. Les réponses négatives sont de 65% dans cette rubrique.

Les causes de ces écarts sont d'une part l'absence de procédures de vérification, et d'une part l'absence d'une exécution régulière des vérifications.

Toutes les entreprises visitées ne disposent pas de procédures spécifiques pour vérifier et valider l'efficacité du système H.A.C.C.P. Cependant, nous avons constaté à travers les documents qualité que, les autocontrôles sont effectués conformément à la législation. De ce fait, nous avons évalué ces non-conformités en mineures. Les manquements sont uniquement d'ordre organisationnel et non fonctionnel. Donc, la santé des consommateurs n'est pas menacée.

Par contre les non-conformités liées à l'absence d'une exécution régulière des vérifications sont considérées comme majeures. Trois entreprises n'effectuent pas les vérifications à des intervalles réguliers.

Nos résultats sont doublement supérieurs à ceux de BLANC [8] qui a obtenu 3%. Ceci est dû à l'absence des procédures de vérification dans les unités que nous avons visitées.

12. Etape XII : Constitution des dossiers et tenue des registres

Pour l'étape ultime du système H.A.C.C.P., nous avons détecté 3,33% de non-conformités qui correspondent à 8,93% de l'ensemble des non-conformités rencontrées. Les réponses négatives s'élèvent à 17,77%.

Ces non conformités dues au fait que :

- ❖ quatre entreprises ne disposent pas de procédures et enregistrements complets pour toutes les étapes ;
- ❖ cinq entreprises présentent des procédures incomplètes ;
- ❖ une entreprise ne fait pas référence à la législation applicable en matière des produits halieutiques ;
- ❖ une entreprise a un système H.A.C.C.P. non actualisé depuis trois ans ;
- ❖ dans deux entreprises les documents récents circulent au même titre que les éditions périmées ;
- ❖ les études H.A.C.C.P. ne sont pas revues à une fréquence régulière dans trois entreprises.

Ce taux de non-conformités est élevé certes, mais est largement inférieur à celui obtenu par BLANC [8] qui est de 21%. Ceci témoigne d'une certaine maîtrise de cette étape de la part des entreprises halieutiques sénégalaises par rapport aux entreprises candidates à la certification B.R.C.

Parallèlement à la présentation des non-conformités en fonction des étapes du système H.A.C.C.P., il convient de signaler que chaque entreprise a son propre taux de défaillances. Sous cet angle, on remarque que trois entreprises A, B, et J sont plus performantes avec respectivement 31,15%, 29% et 28% de non-conformités. Ceci découle du fait que ce sont des unités disposant d'un personnel qualifié et qui a des moyens nécessaires. Quant au reste des entreprises, les taux d'écarts ne sont pas éloignés et vont de 36% à 44%. Ceci prouve que la plupart d'entreprises fonctionnent de la même manière, et ont les mêmes difficultés. Nous nous sommes rendus compte que même les manuels qualité sont rédigés de la même façon, ce qui explique cela.

CHAPITRE V : RECOMMANDATIONS

Depuis 1996, le Sénégal est agrée pour exportation vers l'Union Européenne. Cet agrément vient d'être renouvelé par les experts qui ont visité les industries halieutiques du Sénégal en Avril 2007. Ceci est le fruit d'une amélioration continue dont font preuve les acteurs du secteur de la pêche, grâce à l'appui de l'autorité compétente. Toutes les unités visitées sont construites suivant un plan de masse correct avec séparation des secteurs sain et souillé, et les bonnes pratiques d'hygiène sont appliquées. Les programmes préalables sont appliqués avec une certaine rigueur, ce qui se justifie par la présence de très peu de C.C.P. dans les unités visitées.

Cependant, l'application des douze principes du système H.A.C.C.P. n'est pas exempt de reproches, car notre travail a rencontré 37,287% de non-conformités contre 62,7% de conformités.

Ces résultats ne sont pas alarmants certes, mais une amélioration est souhaitable afin de tendre vers beaucoup plus de perfection. Des efforts devront être consentis, tant au niveau national qu'au niveau des entreprises.

1. Recommandations au niveau national

Celles-ci vont à l'endroit de la D.I.C. Le travail accompli par son personnel est satisfaisant et les résultats se remarquent sur le terrain. Les recommandations que nous formulons ci-après ne constituent qu'une modeste contribution qui viendrait s'ajouter à l'actif déjà bien fourni des agents de la D.I.C. Nos recommandations sont les suivantes :

* ❖ l'autorité compétente devrait exhorter les rédacteurs des manuels qualité à intégrer les plans des installations accompagnant les diagrammes de fabrication ;

    Ceci permettra aux responsables qualité d'avoir une vision schématique globale de l'ensemble des activités lors de la production.

❖ en plus des prélèvements d'eau, glace et produits effectués par les agents de la D.I.C. en vue des contrôles bactériologiques, il convient de faire de même pour la détermination du degré chlorométrique de l'eau utilisée pour les différents lavages et trempages des filets de poissons ;

❖ l'autorité compétente devrait aussi recommander aux rédacteurs des manuels qualité d'inclure les spécifications complètes pour chaque produit, et bien définir l'utilisation attendue des produits. Par là, des études scientifiques doivent être menées pour déterminer les D.L.U.O. des différents produits. En attendant, les résultats obtenus par les recherches de DIAKHATE [12] concernant la dorade et le rouget peuvent être utilisés ;

❖ Il revient également à l'autorité compétente de s'assurer que le personnel travaillant dans des chambres froides négatives pour les produits congelés dispose d'une assurance médicale car ils encourent des risques professionnels énormes ;

❖ les personnes chargées de la qualité dans les entreprises halieutiques sénégalaises devraient être formées sur la récente Norme ISO 22000 : 2005 (Système de management de la sécurité des denrées alimentaires, exigences relatives à tout organisme appartenant à la chaîne alimentaire) étant donné que celle-ci constitue le point de rencontre avec le H.A.C.C.P habituel et le H.A.C.C.P. américain qui fut l'objet d'un séminaire organisé récemment ;

❖ les séminaires de formation des responsables qualité doivent être multipliés et permettre de renforcer leurs connaissances dans les domaines de la microbiologie et de l'épidémiologie en industrie agro-alimentaire et en particulier en microbiologie des produits de la pêche.

2. Recommandations au niveau des entreprises

Pour les entreprises, nous recommandons ce qui suit :

❖ chaque unité élaborant des produits frais devrait avoir sa propre fabrique de glace afin de mieux assurer la qualité. Les unités qui optent carrément pour un approvisionnement ailleurs, devraient être sûrs non seulement des conditions hygiéniques du fournisseur, mais aussi des moyens de transport utilisés ;

❖ pour les unités pas suffisamment spacieuses, il est judicieux d'opter pour une séparation des opérations saines et souillées dans le temps et non dans l'espace. Ceci doit impérativement s'accompagner de méthodes de nettoyage et de désinfection efficaces ;

❖ Il est préférable d'utiliser la glace carbonique pour produits élaborés car elle est plus sûre hygiéniquement ;

❖ les réunions des équipes H.A.C.C.P. devraient se tenir à une fréquence régulière et non seulement quand il y a un dysfonctionnement. Ceci permet d'anticiper sur les éventuels désagréments pouvant survenir ;

❖ le contenu des manuels qualité devrait être vulgarisé et connu au moins par toutes les personnes occupant un poste de responsabilités ;

❖ la rédaction des manuels qualité ne devrait pas être l'apanage des responsables qualité. Les manuels qualité doivent être élaborés par le responsable qualité, de concert avec l'ensemble des membres de l'équipe H.A.C.C.P ;

❖ les entreprises devraient s'inscrire, à court ou long terme, dans une démarche de certification. Les réalités montrent qu'avec l'inquiétude grandissante chez les consommateurs et l'avènement de la mondialisation, ne survivront que les entreprises capables de se positionner sur le marché avec des arguments valables. C'est pourquoi la certification s'avère un passage obligé dans les années à venir ;

❖ les entreprises sénégalaises devraient beaucoup plus approfondir l'étape du système H.A.C.C.P. relative avec l'analyse des dangers et l'identification des mesures préventives pour maîtriser ces dangers. A cet effet, il vaut mieux s'appuyer sur les prescriptions de la Norme ISO 22000 : 2005 (8). L'identification des dangers d'une opération donnée doit prendre en considération :

- les étapes qui précèdent et qui suivent l'opération spécifiée ;
- les équipements, les services connexes et le milieu environnant ;
- les liens précédents et suivants de la chaîne alimentaire.

❖ une évaluation des dangers doit être réalisée, afin de déterminer pour chaque danger identifié, lié à la sécurité des denrées alimentaires si son élimination ou sa réduction à des niveaux acceptables est essentielle pour la fabrication d'une denrée alimentaire sûre et si sa maîtrise est nécessaire pour permettre d'atteindre les niveaux acceptables définis [2] ;

❖ chaque danger lié à la sécurité des denrées alimentaires doit être évalué, selon sa gravité en termes d'effets néfastes sur la santé et sa probabilité d'apparition. La méthodologie utilisée doit être décrite et les résultats de l'évaluation des dangers liés à la sécurité des denrées alimentaires doivent faire l'objet d'un enregistrement [2] ;

❖ les entreprises ne devraient pas se limiter uniquement à faire leurs différentes analyses dans les laboratoires avec lesquels elles sont sous contrat ou dans leurs laboratoires d'autocontrôle. Il est préférable que de temps en temps quelques échantillons soient envoyés dans d'autres laboratoires afin de comparer les résultats ;

❖ les entreprises devraient s'assurer du degré chlorométrique de l'eau utilisée pour les lavages et trempages des filets de poisson.

❖ les entreprises devraient tout faire pour se doter de chambres froides spacieuses, afin d'éviter que les produits finis ne se retrouvent avec la matière première dans un même local, faute d'espace ;

❖ chaque entreprise devrait concevoir son propre manuel qualité en se référant aux recommandations du Codex Alimentarius. En effet, nous avons remarqué une ressemblance frappante des manuels qualité des différentes unités visitées ;

❖ chaque entreprise devrait se doter d'une buanderie moderne. Ceci contribue à l'élévation du niveau de l'hygiène du personnel. Les tenues doivent être récupérées après chaque journée de travail et lavées. La responsabilisation du personnel à la propreté des tenues ne s'avère pas sûre ;

❖ les entreprises doivent mieux connaître les spécifications de leurs produits. Les caractéristiques du produit doivent faire l'objet d'une description documentée dans la mesure des besoins de la réalisation de l'analyse des dangers, contenant des informations relatives aux points suivants, selon ce qui convient [2] :

- le nom du produit ou une identification similaire ;
- la composition ;
- les caractéristiques biologiques, chimiques et physiques pertinentes pour la sécurité des denrées alimentaires ;
- la durée de vie et les conditions de conservation prévues ;
- le conditionnement ;
- l'étiquetage relatif à la sécurité des denrées alimentaires et/ou les instructions pour la manipulation, la préparation et l'utilisation ;
- les méthodes de distribution.

❖ chaque entreprise devrait définir l'usage prévu pour chaque produit. L'usage prévu, les conditions de manipulation raisonnablement attendues du produit fini et les utilisations erronées ou fautives raisonnablement prévisibles doivent être pris en considération et doivent faire l'objet d'une description documentée dans la mesure des besoins de la réalisation de l'analyse des dangers ;

Les groupes d'utilisateurs et, quand c'est nécessaire, les groupes de consommateurs doivent être identifiés pour chaque catégorie de produit. Les groupes de consommateurs connus pour être particulièrement vulnérables à des dangers liés à la sécurité des denrées alimentaires doivent être pris en considération [2] ;

❖ l'étape du système H.A.C.C.P. relative à l'identification des points critiques est aussi passablement réussie. Des remodelages sont à apporter à ce niveau. L'arbre de décision utilisé pour l'identification des C.C.P. doit figurer dans le manuel qualité et le tableau de la détermination des C.C.P. devrait être distinct de celui de l'analyse des dangers ;

❖ dans certains manuels qualité l'abréviation « C.C.P » est mal traduite. On trouve ainsi la traduction erronée « point de contrôle critique », au lieu de la vraie traduction « point critique pour la maîtrise » ;

❖ les responsabilités en cas de prise de mesures d'actions correctives doivent être clarifiées ;

❖ toutes les entreprises devraient se doter, en plus des plans d'autocontrôle, des procédures de vérification et de validation de l'efficacité du système H.A.C.C.P.

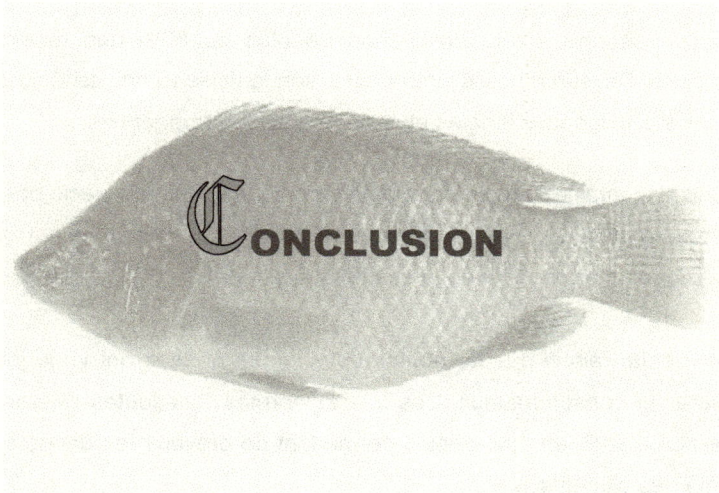

CONCLUSION

La pêche occupe une place importante dans l'économie sénégalaise. Cette importance vient non seulement du nombre des entreprises et au volume des exportations, mais aussi du nombre d'emplois générés et les activités de transformation et de commercialisation qui lui sont liées.

Le Sénégal fut le second pays à être agrée pour l'exportation des produits halieutiques vers l'Union Européenne en 1996. Depuis lors, la maîtrise de la qualité et de la salubrité des produits de la pêche est devenue une exigence.

L'Union Européenne est la destination de plus de 60% des exportations sénégalaises. De surcroît, les entreprises sénégalaises sont astreintes à se conformer aux exigences légales et réglementaires européennes.

Les crises alimentaires qui ont défrayé la chronique à la fin du siècle passé ont suscité une inquiétude chez les consommateurs. Ceux-ci deviennent de plus en plus exigeants en matière de la qualité des aliments.

C'est pour cette raison que de nombreuses lois et normes ont vu le jour afin de rassurer le consommateur. Ces lois et normes font toutes référence au système H.A.C.C.P. en tant qu'outil permettant de prévenir les dangers liés à la sécurité des aliments.

Le système H.A.C.C.P. (Hazards Analysis Critical Control Points) ou analyse des dangers, maîtrise des points critiques est une méthode d'assurance qualité adaptée aux industries agro-alimentaires et donc, aux entreprises des produits de la pêche. Elle est préventive, simple, spécifique, structurée, adaptable et systématique. Elle permet de mettre en œuvre ou d'améliorer la qualité microbiologique des denrées alimentaires. Elle est également utilisée pour les aspects chimiques et physiques de la sécurité de ces produits.

Cependant, ce système nécessite une certaine maîtrise qui conditionne sa réussite.

Elle n'est jamais un acquis définitif, elle est régulièrement sujette à des modifications et améliorations. C'est pourquoi des non-conformités dans son application peuvent être rencontrées, lesquelles ont fait l'objet de notre étude.

L'objectif général était de faire une contribution à l'amélioration de l'application du système H.A.C.C.P.

Les objectifs spécifiques étaient de faire l'état des lieux sur l'application du système H.A.C.C.P., identifier et classer les non-conformités, et proposer les solutions en vue d'une meilleure application.

Nous avons visité 10 entreprises de transformation des produits de la pêche et nous avons pu nous rendre compte du niveau de conformité du système H.A.C.C.P.

Les résultats obtenus sont satisfaisants avec 37,287% de non conformités contre 62,7% de conformités. Ces non conformités ont été évaluées en critiques, majeures et mineures et nous avons obtenu respectivement 2,23% 68,16% et 29,601%.

Les non-conformités majeures qui constituent l'essentiel, sont dues à l'incompréhension de certains éléments du système H.A.C.C.P. Néanmoins, la santé des consommateurs n'est pas directement menacée.

Ces résultats se rapprochent de ceux obtenus avec les entreprises candidates à la certification. Ceci prouve que les entreprises sénégalaises peuvent aussi être candidates sans le risque de se voir imposer des mises à niveaux compliquées.

Nos résultats s'écartent fortement de ceux obtenus en 1999, trois ans seulement après l'agrément du Sénégal. A cette époque le système H.A.C.C.P. était encore le luxe des grandes unités, ce qui n'est plus le cas de nos jours. Les unités qui excellaient, en 1999, dans l'application du système H.A.C.C.P. sont aujourd'hui certifiées alors que celles qui n'étaient qu'au début sont aujourd'hui à un bon niveau d'application.

La qualité étant liée à une amélioration continue, il est souhaitable que les entreprises ne baissent pas les bras, surtout après le renouvellement de l'agrément européen de cette année, et tendent vers la certification.

L'autorité compétente n'est pas étrangère à cette réussite car son rôle est remarquable sur le terrain. Les programmes préalables sont appliqués convenablement et le travail est parfaitement organisé dans les entreprises.

BIBLIOGRAPHIE

1. ABABOUCH L.O.H.
Assurance qualité en industrie halieutique
Rabat : Ed Actes, 1995.- 214 p.

2. ASSOCIATION FRANCAISE DE NORMALISATION
Norme ISO 22000 : 2005
Paris : AFNOR, 2005.- 44 p.

3. ASSOCIATION FRANCAISE DE NORMALISATION
Norme ISO 9000 :2005
Paris.- 5ème éd : AFNOR, 2005 :-39 p.

4. ASSOCIATION FRANCAISE DE NORMALISATION
Norme ISO 9001 : 2000
Paris : AFNOR, 2000 :- 34 p.

5. ASSOCIATION FRANCAISE DE NORMALISATION
Recueil des normes françaises : Gérer et assurer la qualité
Tome 2 : Management et Assurance de la qualité. -4ème éd.-
Paris : AFNOR, 1992 :-396 p.

6. AMPARI J.
Contribution à l'étude du fonctionnement de l'autorité compétente chargée
du contrôle de la qualité des produits de la pêche au Sénégal.
Th : Méd.Vét. : Dakar : 1997 ; 19.

7. BEN JAFAAR S.K. ; BEN KHALA I. ; MABROUKA D. et JRIDI M.
Etude comparative sur les plats cuisinés présentés au buffet entre un groupe
d'hôtels appliquant le système HACCP et un groupe sans système
Microbiologie, hygiène alimentaire, **17** (48) 2001. 43

8. BLANC D.
ISO 22000 HACCP et Sécurité des aliments
Paris : éd. AFNOR, 2006.- 230 p.

9. CAMARA Y.
Contribution à l'étude de l'harmonisation entre la réglementation européenne
et sénégalaise des produits de la pêche.
Th :Méd.Vét. : Dakar : 2007 ; 18

10. CORPET D.
Cours d'assurance qualité.- Toulouse : ENV [En ligne]. Accès internet
http://fcorpet.free.fr/Denis/W/Cours07-Assurance-Qualité-TDS8.pdf
page consultée le 10 Janvier 2007

11. CORPET D.
Cours d'HIDAOA-Toulouse : ENV [En ligne].Accès internet
http://fcorpet.free.fr/Denis/W/Cours07-HIDAOA -TDS8.pdf
page consultée le 10 Janvier 2007

12. DIAKHATE D.
Contribution à l'étude de la durabilité (DLUO) des poissons réfrigérés
Th : Méd. Vét. : Dakar : 1996 ; 18

13. DIOP P.B.
L'inspection des entreprises de produits de la pêche et navires agrées à
l'exportation vers l'Union européenne.
Th : Méd. Vét : Dakar:2004 ; 24

14. FROMAN B.
Le manuel qualité : outil stratégique d'une démarche qualité. -2ème éd.-
Paris : AFNOR, 1995.-189 p.

15. GOUDIABY M.
Contribution à l'étude de la qualité commerciale et bactériologique des
huîtres produites au Sénégal
Th : Méd.Vét. : Dakar : 1989 ; 46

16. JOUVE J.L.
L a qualité des produits alimentaires : Maîtrise des critères.-2ème éd.-
Paris : 1995.- 563 p.

17. JOURNAL OFFICIEL DE LA COMMUNAUTE EUROPEENNE
Directive 94/356/CEE
JOCE du 20/05/1994

18 LIGUE VALAISANNE DE LUTTE CONTRE LES TOXICOMANIES
Amélioration continue [En ligne]. Accès internet
http://www.lvt.ch/2004/Fr/Prestations/C_VueGenerale.htm
page consultée le 17 Février 2007

19 MULTON J.L. et BOMBALI J.
La qualité des produits alimentaires : Politique, incitation, gestion et
contrôle.
Paris : APRIA ; Lavoisier Tec &Doc, 198 :-487 p.

20. NDAO D.
Contribution à l'étude du niveau de mise en place du système H.A.C.C.P dans
les entreprises des produits de la pêche au Sénégal.
Th : Méd. Vét. : Dakar : 1999 ;6

21.NDIAYE M.L.
Niveau de mise aux normes CEE des entreprises sénégalaises exportatrices
des produits de la pêche.
Th : Méd. Vét. : Dakar : 1996 ; 24

22. ORGANISATION MONDIALE DU COMMERCE
Application des systèmes de gestion de la qualité ISO 9000
Genève : CCI, 1996, 143 p.

23. OUATTARA B.
Etude de la qualité bactériologique des filets de poisson congelés.
Th. Méd. Vét., Dakar : 1986, N°20,108 p.

24. ROZIER J., BOLNOT F., CARLIER V.
Bases microbiologiques de l'hygiène alimentaire
Paris : SAPAIC, 1985.-231 p.

**25. SENEGAL. MINISTERE-DIRECTION DE L'OCEANOGRAPHIE ET DES
PECHES MARITIMES**
Cumul des exportations sénégalaises des produits halieutiques en 1995
Dakar : BCPH, 1996.-10 p.

**26. SENEGAL. MINISTERE DE L'ECONOMIE MARITIME ET DES
TRANSPORTS MARITIMES INTERNATIONAUX**
Cumul des exportations halieutiques sénégalaises des produits halieutiques
en 2003.
Dakar : DIC 2004.-11 p.

**27. SENEGAL. MINISTERE DE L'ECONOMIE MARITIME ET DES
TRANSPORTS MARITIMES INTERNATIONAUX**
Cumul des exportations halieutiques sénégalaises des produits halieutiques
en 2004.
Dakar, DIC 2005.- 10 p.

28. SENEGAL. MINISTERE DE L'ECONOMIE MARITIME ET DES TRANSPORTS MARITIMES INTERNATIONAUX
Cumul des exportations sénégalaises des produits halieutiques en 2005 .Dakar, DIC 2006.- 10 p.

29. SENENEGAL. MINISTERE DE L'ECONOMIE MARITIME ET DES TRANSPORTS MARITIMES INTERNATIONAUX
Organisation du ministère [En ligne]. Accès internet
http://www.ecomaritime.gouv.sn/organisation_ar_.php3?id_rubrique=23
page consultée le 28 Février 2007

30. SENEGAL. MINISTERE DE L'ECONOMIE MARITIME ET DES TRANSPORTS MARITIMES INTERNATIONAUX
Arrêté ministériel N°002461 du 19 Avril 2006
Dakar : EMTM, 2006 ; 3p.

31. UNIVERSITE DE BREST
Introduction à l'H.A.C.C.P. [En ligne]. Accès internet
www.univ-brest.fr/sitesc/AQ/Methode_HACCP/HACCP.HTM
page consultée le 5 Mars 2007

I.   RENSEIGNEMENTS GÉNÉRAUX

Date et heure de Visite :..

Entreprise :...

Activités :...

Adresse :...

Caractéristiques particulières (Certifications,Agréments,…) :.............................

II. QUESTIONNAIRE

Etape 1. Equipe HACCP et Portée d'étude					
Question	**Réponse**		**Non-conformité**		
	Oui	Non	Critique	Majeure	Mineure
L'équipe H.A.C.C.P. est-elle constituée ?					
Les membres de l'équipe HACCP ont-ils des rôles clarifiés ?					
L'étude HACCP a –t- elle été actualisée par l'ensemble de l'équipe H.A.C.C.P. ?					
L'étude HACCP est-elle complète ?					
L'étude HACCP débouche t-elle sur des CCP pour des dangers physiques dont le constat est justifié ?					
La portée de l'analyse HACCP couvre t-elle de manière efficace tous les couples Produits/Procédés ?					

Etapes II et III. Description du produit et utilisation attendue.

Question	Réponse		Non-conformité		
	Oui	Non	Critique	Majeure	Mineure
Les spécifications sont-elles complètes? (Conditionnement, DLUO, DLV)					
L'utilisation attendue du produit est elle spécifiée ?					

Etapes IV et V. Diagramme de fabrication : Construction et confirmation sur site

Question	Réponse		Non-conformité		
	Oui	Non	Critique	Majeure	Mineure
Les diagrammes de fabrication mentionnent –ils le traitements des produits frais incorporés ?					
Les diagrammes de fabrication sont-ils complets ?					
Les processus externalisés (tranchage/conditionnement) font-ils partie du diagramme de fabrication ?					
Le diagramme est-il complété par le plan des installations ?					
Le plan des installations indique-t-il la disposition des équipements, les mouvements des produits, du personnel ainsi que la séquence des opérations avec temps et températures ?					
Le diagramme de fabrication construit correspond-il à la réalité ?					

Etape VI a). Identification des dangers.

Question	Réponse		Non-conformité		
	Oui	Non	Critique	Majeure	Mineure
Dans les tableaux d'analyse des dangers microbiologiques, y a-t-il une distinction entre contamination, développement et survie ?					
Les dangers microbiologiques sont-ils évoqués de façon spécifique ?					
Les valeurs microbiologiques de l'eau de source communale sont elles connues ?					

Etape VI.b). Analyse des dangers.

Question	Réponse		Non-conformité		
	Oui	Non	Critique	Majeure	Mineure
Les notions de probabilité et de gravité sont-elles définies ?					
Les notions de gravité et de probabilité ont-elles été prises en compte dans l'analyse des dangers ?					
L'évaluation des dangers est-elle faite ?					
Le résultat de l'évaluation des dangers précise –t-il le niveau du danger ? (acceptable, sérieux ou inacceptable)					
Le tableau d'évaluation des dangers est-il repris dans l'étude ?					
Les dangers chimiques sont-ils clairement identifiés tels qu'ils sont signalés sur certaines procédures ?					

L'évaluation des dangers reprend-elle certains dangers ayant été considérés comme nuls ?					
L'étude HACCP est-elle basée sur une évaluation de la gravité des dangers, leur fréquence et probabilité d'apparition ?					

Etape VI.c). Mesures de Maîtrise					
Question	**Réponse**		**Non-conformité**		
	Oui	Non	Critique	Majeure	Mineure
Les mesures de maîtrise sont-elles spécifiées devant les dangers sérieux ou inacceptables ?					
Les documents de maîtrise liés aux mesures préventives sont-ils identifiés dans l'analyse des dangers ?					

Etape VII. Les CCP.					
Question	**Réponse**		**Non-conformité**		
	Oui	Non	Critique	Majeure	Mineure
Toutes les étapes considérées comme des CCP le sont-ils réellement ?					
Les résultats de l'arbre de décision sont-ils précisés pour les étapes précédant l'emballage ?					
L'étude HACCP mentionne-elle l'arbre de décision utilisé pour la détermination des CCP ?					
L'étape propre au détecteur des métaux est-il un CCP ?					
Les tableaux d'analyse des dangers et les tableaux d'identification des CCP sont ils distincts ?					

93

Etape VIII. .Seuils critiques.					
Question	Réponse		Non-conformité		
	Oui	Non	Critique	Majeure	Mineure
Les limites critiques sont-elles définies pour le CCP « température à cœur du produit » ?					
La limite d'interruption de la chaîne du froid dans les congélateurs est elle bien définie ?					
Dans le tableau de surveillance des CCP, les seuils ou tolérances à respecter pour chaque paramètre à surveiller sont-ils définis ?					

Etape IX.HACCP Système de surveillance					
Question	Réponse		Non-conformité		
	Oui	Non	Critique	Majeure	Mineure
Le système de surveillance applicable pour les CCP est-il connu des opérateurs concernés ?					
Les responsabilités d'exécution et de décision sont-elles définies dans le plan de surveillance des CCP ?					
Le système de surveillance mis en place lors de la réception des matières premières est-il toujours appliqué?					

Etape X. HACCP Actions Correctives.

Question	Réponse		Non-conformité		
	Oui	Non	Critique	Majeure	Mineure
Existe-t-il d'autres actions correctives qui ne sont pas issues des plaintes clients ?					
La personne responsable de l'exécution du plan d'actions correctives est-elle bien identifiée ?					

Etape XI. HACCP Vérification

Question	Réponse		Non-conformité		
	Oui	Non	Critique	Majeure	Mineure
Y a-t-il une procédure de validation et de vérification de l'efficacité du système HACCP ?					
La vérification est-elle planifiée pour une exécution régulière ?					

Etape XII. HACCP -Documentation					
Question	Réponse		Non-conformité		
	Oui	Non	Critique	Majeure.	Mineure
Les modalités de conservation des enregistrements sont-elles définies ?					
Les enregistrements des systèmes de surveillance des CCP sont-elles définies ?					
Les procédures et enregistrements sont elles présentes à toutes les étapes ?					
Toutes les procédures sont-elles complètes ?					
Le Plan HACCP fait-elle référence à la législation applicable aux produits de la pêche ?					
Le système HACCP est-il actualisé d'une manière générale ?					
L'analyse HACCP est –elle actualisée au moins chaque 10 ans ?					
Les documents périmés sont-ils retirés de la circulation ?					
Les études HACCP sont-elles revues à une fréquence régulière ?					

III. OBSERVATIONS :

....

....

....

....

....

....

....

....

....

....

....

....

....

....

....

CONTRIBUTION A L'ETUDE DES NON-CONFORMITES RENCONTREES DANS L'APPLICATION DU SYSTEME H.A.C.C.P. DANS LES INDUSTRIES DE TRANSFORMATION DES PRODUITS DE LA PECHE AU SENEGAL

RESUME

Ce travail avait pour objectif l'étude des non-conformités dans l'application du système H.A.C.C.P. pour les produits halieutiques exportés. Il a été réalisé dans 10 entreprises sénégalaises classées comme suit :

- ❖ deux entreprises exportatrices de produits congelés : AFRICAMER et DRAGON DE MER PRODUCTION ;
- ❖ trois entreprises exportatrices de produits frais : FISH EXPORT, DELPHINUS et SACEP ;
- ❖ deux entreprises exportatrices de produits frais et congelés : PIROGUE BLEUE, DAKAR ICE ;
- ❖ une usine exportatrice des produits frais et langoustes vivantes : GRANDS VIVIERS DE DAKAR ;
- ❖ deux unités d'armements exportatrices de produits congelés : Armement SOPASEN et Armement NEAU.

Il ressort de cette étude que le taux de non-conformités est de 37,287%, dont 0,832% de non-conformités critiques, 25,415 % de non-conformités majeures et 11,040 % de non conformités mineures. Ces résultats sont satisfaisants, mais des améliorations sont à apporter en ce qui concerne l'analyse des dangers et l'identification des mesures préventives pour maîtriser ces dangers.

Mots clés :   H.A.C.C.P. – Non-conformités – Pêche – Sénégal.

Adresse de l'Auteur : Olivier KAMANA

B.P. 121 MUSANZE-RWANDA

e-mail : olivikam@yahoo.fr

Tél. 00 250788280451

www.ingramcontent.com/pod-product-compliance
Lightning Source LLC
Chambersburg PA
CBHW021115210326
41598CB00017B/1443